油田化学与环境保护技术研究

余兰兰◎著

中国纺织出版社有限公司

内 容 提 要

本书基于油田化学相关基础内容，对表面活性剂化学、油田常用高分子化合物、油田钻井化学与采油技术进行了深入探讨，以发展的眼光探究了油田污水除油技术、油田污水处理工艺、油田含油污泥处理技术、油田除垢与防腐技术的应用。本书内容全面，在写作中始终贯彻以知识为基础、以问题为导向、以实际运用为目的的原则，阐释深入，逻辑严谨，既有理论深度，又有示范作用，内容具体直观，可供相关领域教师、研究人员参考，对此领域感兴趣的读者也可阅读。

图书在版编目（CIP）数据

油田化学与环境保护技术研究 / 余兰兰著. -- 北京：中国纺织出版社有限公司，2024. 10. --ISBN 978-7-5229-2217-1

Ⅰ. TE39；X741

中国国家版本馆CIP数据核字第20249C560U号

责任编辑：李立静　杨宁昱　　　责任校对：寇晨晨

责任印制：储志伟

中国纺织出版社有限公司出版发行

地址：北京市朝阳区百子湾东里 A407 号楼　邮政编码：100124

销售电话：010—67004422　传真：010—87155801

http://www.c-textilep.com

中国纺织出版社天猫旗舰店

官方微博 http://weibo.com/2119887771

天津千鹤文化传播有限公司印刷　　各地新华书店经销

2024 年 10 月第 1 版第 1 次印刷

开本：710 × 1000　1/16　印张：14.25

字数：195 千字　定价：99.90 元

前　言

油田化学是20世纪80年代发展起来的，是石油工程各学科、各领域的基础支撑学科之一。它是研究油气田勘探、开发、生产过程中所发生的和可能发生的各种化学及物理化学作用，并应用这些作用产生的各种油气田勘探、开发等新技术的科学。它是无机化学、有机化学、物理化学、高分子化学、胶体化学、化工原理等化学、化工学科与地质学、岩矿学、流体力学、渗流力学、岩石力学等学科在钻井、采油、油藏各学科上的交叉而产生的综合应用型学科。凡是涉及油气勘探、开发、集输的领域，都与它有关。它是贯穿油气生产全过程的综合应用学科。

当前油田开发中存在开发用水资源紧张的问题，尤其是我国的东部油田大多到了开采后期，为了提高石油的采收率，大规模开展了二次采油（主要是注水开采）和三次采油（主要是注聚合物溶液）的工业应用实验，用水矛盾日益突出。因此，油田开发含油污水的处理更加迫在眉睫。我国对环境保护的要求越来越高，有关油田开发的环境保护问题也日益受到人们的重视。

作为一门应用性强的工程学科，“安全、环保、高效”始终是对它的要求。为了适应新的形势，更好地为我国的石油勘探开发服务，笔者根据多年油田化学科研工作的经验及所汇集的国内外有关文献资料，编撰此书，希望能对从事油田开发水处理及环境保护工作的人员有所帮助。本书属于油田化学方面的著作，基于油田化学相关的基础内容，对表面活性剂化学、油田常用高分子化合物、油田钻井化学与采油技术进行了深入探讨，以发展的眼光透视了油田污水除油技术、油田污水处理工艺、油田含油污泥处理技术、油田管道除垢与防腐技术。

本书涵盖内容全面，在写作中始终把握以知识为基础、以问题为导向、以运用为目的的原则，阐释深入，逻辑严谨，既有理论深度，又有示范作用，内容具体直观，可供从事油田化学品的科研、生产经营和应用人员参考，以求共同努力，更好地为石油工业服务。

本书内容涉及石油地质、油藏工程及油田化学等多种学科，限于笔者的学识水平，疏漏之处在所难免，敬请读者批评、指正，以便再版时改正。

著者

2024 年 3 月

目录

第一章　表面活性剂

表面活性剂，是一类至关重要的精细化学品，最初在洗涤、纺织等领域得到广泛应用。然而，随着科学技术的发展，如今其在化工、医药、生物、材料等领域也有了广泛的应用。表面活性剂这一术语包含三个方面的含义：表（界）面、活性和剂。其主要特点在于即使加入量很少，也能显著降低溶剂（通常为水）的表面（或界面）张力。这种物质能够改变物质之间的界面状态，从而产生润湿、乳化、起泡、增溶及分散等一系列作用，满足实际应用的需求。“总之，油田化学剂的使用已经成为油田可持续发展的有力措施，油田化学剂的开发与应用在油田生产中的重要性不言而喻。”

第一节　表面活性剂的概念与特点

一、表面活性剂的概念

表面活性剂一词源于英文中的Surfactant，是个缩合词，意为Surface Active Agent（表面活性添加剂），欧洲工业技术人员常用Tenside表示之。目前业内普遍认为表面活性剂是这样一类物质：

（1）在分子结构上，它由亲水基和疏水基两部分构成，且疏水基的碳链一般大于8。

（2）它在表面和界面上活跃，其独特之处在于能够降低表面和界面的张力。

（3）在一定浓度以上的溶液中，它能形成分子有序组合体，创造出一系列有用的应用功能。

因此，表面活性剂被定义为在低浓度下就能显著降低体系表（界）面张力的物质，简称活性剂。

二、表面活性剂的类型及特点

（一）表面活性剂的类型

表面活性剂是一类化学物质，其分类方法多种多样，主要包括按应用功能、溶解性、分子量和离子类型分类。按应用功能可分为乳化剂、发泡剂、分散剂和润湿剂等，每种功能针对不同应用场景具有特定的作用。按溶解性可分为水溶性和油溶性表面活性剂，根据其在水或油中的溶解程度进行划分。按分子量可分为低分子量和高分子量表面活性剂，分子量的差异影响其在化学反应中的活性和稳定性。按离子类型可分为离子型和非离子型表面活性剂，其中离子型表面活性剂能够在溶液中离解成离子，而非离子型则不具备这种能力。根据亲水基的电性特征，表面活性剂可分为四大类，包括阴离子型、阳离子型、非离子型和两性离子型，每个类别下又可细分为若干小类，以满足不同的需求。

1. 阴离子型表面活性剂

阴离子型表面活性剂的亲水基为阴离子。其根据亲水基的不同又可分为羧酸盐型、磺酸盐型、硫酸酯盐型和磷酸酯盐型等类型。

2. 阳离子型表面活性剂

阳离子型表面活性剂的亲水基为阳离子。其根据亲水基的不同又可分为铵盐、季铵盐、杂环类、间接连接型、镜盐型以及聚合型等类型。

3. 两性表面活性剂

两性表面活性剂的关键特点在于其亲水基含有阴阳离子，因此在水中溶解时表现出独特的性质。根据亲水基的不同，两性表面活性剂可分为甜菜碱型、氨基酸型、咪唑啉型等常见类型。

4. 非离子型表面活性剂

非离子型表面活性剂的亲水基为一些极性基团，如羟基或聚氧乙烯醚，即溶于水时不带电。其主要包括聚氧乙烯型、多元醇型、烷醇酰胺型、聚醚型及烷基糖苷等类型。

5. 其他表面活性剂

除了以上这些传统类型，还存在一系列特殊类型，它们在结构、功能或制备方法上与传统表面活性剂有所不同。这些特殊类型包括元素表面活性剂、双子表面活性剂、Bola 型表面活性剂、生物表面活性剂、高分子表面活性剂、冠醚型表面活性剂、整合型表面活性剂、反应型表面活性剂、可分解型表面活性剂、开关型表面活性剂、手性表面活性剂以及环糊精等。

（二）不同类型表面活性剂的特点

表面活性剂只有溶于水或有机溶剂后才能发挥特性。因此，表面活性剂的性能对其溶液而言，应具有下列特点：

第一，表面活性剂是一类分子结构独特的化合物，其具有双亲性，即同时含有亲水性和亲油性基团。这种结构赋予了表面活性剂在液相中双重亲性的特性，使其能够在水和油之间调节界面张力，这是其溶解性的基础。

第二，双亲性使得表面活性剂具有良好的溶解性，至少能溶解于液相中的一相。

第三，一旦溶解于溶液中，表面活性剂会降低溶液表面的自由能，导致表面吸附现象的产生。在达到吸附平衡之后，溶液内部的表面活性剂浓度将会小于溶液表面的浓度，这种界面现象也被称为表面吸附。

第四，在界面上吸附的表面活性剂分子具有一定的定向排列能力，可以形成单分子膜。

第五，当表面活性剂溶解于水中并且达到一定浓度时，溶液的性质会发生变化，包括表面张力、渗透压、电导率等。当表面活性剂的浓度超过临界胶束浓度（CMC）时，表面活性剂分子会聚集形成胶束，这是胶束形成的过程。

第六，表面活性剂在溶液中表现出多种功能，包括但不限于降低表面张力、发泡、消泡、分散、乳化、湿润、抗静电、增溶、杀菌、防腐等，有时也可能表现为单一功能。

表面活性剂分子聚集体的质量大小接近纳米数量级，这为形成超细微粒提供了条件。这种微小尺寸可能导致类似于量子尺寸效应的特性出现，这是表面活性剂研究中的一个有趣而复杂的领域。“因此，表面活性剂分子有序组合体可作为制备超细微粒（如纳米粒子）的模板。另外，分子有序组合体的特殊结构也使其成为模拟生物膜的最佳选择。”（金谷，2013）

1. 阴离子型表面活性剂的特点

（1）羧酸盐型。羧酸盐是应用广泛、历史悠久的表面活性剂，其结构式可表示为 $RCOO^-M^+$，结构式中 R 基团一般为长链烷基，M 基团主要为 Na^+ 或 K^+。性能优越的羧酸盐的烷基链长一般为 10 ~ 18 个碳原子；链长过长，水溶性较差，不利于应用。羧酸盐在酸性条件下会生成不溶于水的羧酸，从而失去表面活性剂的功效，高价金属盐（钙、镁、铝、铁等）则造成羧酸盐沉淀。因此，羧酸盐不宜在酸性溶液、硬水、海水中使用。某些特殊结构的羧酸盐，如松香酸皂，是由松香与碱中和产生的，其疏水基团中含有稠环结构，因而具有较好的抗多价阳离子的能力，可以在硬水中使用。

肥皂是一种高级脂肪酸盐，其化学式为 RCOOM，其中 R 代表烷基，通常含有 8 ~ 22 个碳原子，而 M 代表钠（Na）或钾（K）。制备肥皂的过程是将天然动物或植物油脂与碱（通常是氢氧化钠或氢氧化钾）的水溶液加热，引发皂化反应。脂肪酸链的长度和饱和度会影响肥皂的性质，长链和高饱和度的脂肪酸会使肥皂的凝固点升高，因而制成的肥皂更硬。在用硬脂酸、月桂酸和油酸制成的肥皂中，硬脂酸皂最硬，其次是月桂酸皂，而油酸皂则最柔软。此外，肥皂具有生物降解性，相较于其他合成洗涤剂，对环境和生态的影响更小，这一观点已得到广泛认同。

N– 羧乙基脂肪酰胺的盐结构式为 $RCON(CH_3)CH_2COO^-M^+$，其中 R 为 C_{11} ~ C_{17} 等；M^+ 为 Na^+、K^+。其无毒、无刺激性，洗涤性、起泡性和抑酶性好，对硬水、酸的敏感性小于肥皂。产品有香皂、牙膏等，其油酰胺产品还用作涤纶纺丝的油剂等。

全氟代烷基羧酸与相应脂肪酸相比是一种强酸，因此，在水溶液中往往表现出较好的耐强酸、耐氧化还原剂以及耐热（一般可达300℃以上）性能。而且，其表面活性比相应的脂肪酸盐强得多，降低表面张力的能力很强，甚至在有机溶剂中也有表面活性，不仅疏水，而且疏油。全氟代烷基磺酸盐也具有极佳的化学与热稳定性。其缺点是价格高，直链全氟代烷基羧酸盐的生物降解性较差。它一般作为含氟单体的乳化剂，织物、皮革、纸的防水、防油剂，以及有机溶剂的抑制蒸发剂。

（2）磺酸盐型。磺酸盐是一类具有特定化学通式 $R—SO_3Na$ 的化合物，其中 R 代表碳链，长度通常为 8 ~ 20。这类物质主要应用于洗涤剂的生产，因具有良好的水溶性和出色的发泡性能而受到青睐。其稳定性使其不易在酸性环境中水解，从而确保了在使用过程中的安全性和可靠性。

烷基苯磺酸盐，如十二烷基苯磺酸钠，具有特殊的特点：其主要成分即十二烷基苯磺酸钠，它不会与硬水中的钙、镁离子发生沉淀反应，且表现出较强的耐酸碱性能。因此，十二烷基苯磺酸钠广泛应用于洗涤剂中，以其为主要成分的产品呈白色粉末状，易溶于水，具有优异的洗涤和发泡性能。这种物质被广泛用于制造洗衣粉、家用洗涤剂，同时用于香波、泡沫浴等个人护理产品中。

烷基磺酸盐的去污力与直链烷基苯磺酸盐相似，但对硬水的稳定性和生物降解性能更好一些。琥珀酸酯磺酸钠是良好的表面活性剂，R 基团中碳数为 4 ~ 8，二辛基琥珀酸酯磺酸钠为白色蜡状塑性物，易溶于水和乙醇，在硬水中稳定，洗涤和发泡性能好，无毒性，对皮肤刺激性小，有良好的润湿性能，多用于生产香波、泡沫浴和牙膏等。烯基烷磺酸盐和羟基烷磺酸盐的混合物，其性质与烷基磺酸盐相似，易为生物降解，对皮肤刺激性小，可用于生产香波、泡沫浴。烷基乙氧基磺酸盐对皮肤的刺激性很小，较温和，可用于合成香皂和香波生产中。

石油磺酸盐是一种复杂的混合物，主要由烷基苯磺酸盐和烷基萘磺酸盐组成，其次是脂肪烃和环烃的磺酸盐以及氧化物等成分。这些石油磺酸盐多数具有油溶性，因此在多个领域有广泛的应用。例如，它们可用作切削油、农药乳化剂、矿物浮选泡沫剂、燃料油分散剂，高分子量石油磺酸盐可用作金属防锈油中的防蚀剂。此外，大量的石油磺酸钠被用于石油采收过程中，特别是在三次采油中，能够有效提高采油率。

（3）硫酸酯盐型。烷基硫酸盐是润湿、乳化、分散及去污作用最好的表面活性剂之一，其结式可表示为$ROSO_3M$，结构式中R基团一般为长链烷基，M基团主要为Na^+。代表性产品为十二烷基硫酸钠（SDS）。烷基硫酸盐有两个缺点：一是酸性条件下水解，失去表面活性；二是碳原子数大于14时水溶性较差。

脂肪醇硫酸酯盐或者烷基磺酸盐耐硬水、泡沫性强，若混有少量未反应的脂肪醇，则泡沫性更强。其无毒，但对皮肤有刺激性，而且在热的（70℃以上）酸、碱中易水解。

脂肪醇醚硫酸盐（AES）是具有聚氧乙烯醚和硫酸酯盐两种亲水基的复合型表面活性剂，因此，耐硬水、电解质的能力以及起泡力都优于脂肪醇硫酸盐（AS），洗涤能力也普遍优于AS。不过聚氧乙烯醚（PEO）的引入也使其溶液黏度增加，特别是在加入盐时会大幅提高。其常用于衣用洗涤剂、洗发香波、O/W型乳化剂以及灭火用泡沫剂等。

（4）磷酸酯盐型（烷基磷酸盐型）。烷基磷酸盐可分为单烷基磷酸酯盐和双烷基磷酸酯盐。烷基磷酸盐常用作农药乳状液的乳化剂，“干洗”洗涤剂，纺织工业中的抗静电剂，以及发动机冷却液中的防腐蚀剂等。

2.阳离子型表面活性剂的特点

（1）胺盐。胺盐是一种石油磺酸盐，包括伯胺盐、仲胺盐和叔胺盐，它们难以在混合物中单独区分。这些胺盐的憎水基碳数通常为12 ~ 18。

由脂肪酸或脂肪酸酯与氨共热生成脂肪腈，经加氢还原制得脂肪族高级胺，脂肪族高级胺与盐酸发生中和反应，生成脂肪伯胺盐酸盐。仲胺、叔胺与盐酸中和生成相应的仲胺盐酸盐（$R_2NH \cdot HCl$）和叔胺盐酸盐（$R_3N \cdot HCl$）。高级胺与环氧乙烷反应生成高级胺的环氧乙烷加成物，这类物质比较容易溶于水，由于其非离子上带有阳离子，从而表现出一些特殊的性质，常用作染色助剂。

采用硬脂酸、油酸等廉价的脂肪酸与低级胺反应可得到良好的低级胺盐阳离子表面活性剂。这类制品价格较高级胺盐阳离子型表面活性剂便宜，而且性能良好，适宜作纤维柔软整理剂的助剂。属于这类表面活性剂的有索罗明（Soromine）A，萨帕明（Sapamine）A，阿柯维尔（Ahcovel）A 等，以及由脂肪酸与氨乙基单乙醇胺或聚乙烯多胺反应生成的咪唑啉型表面活性剂，如 2- 十七烯基羟乙基咪唑啉。

（2）季铵盐。季铵盐和一般胺盐的区别在于，它是强碱，无论是在酸性还是在碱性溶液中均能溶解，并解离为带正电荷的脂肪链阳离子。因而，在阳离子表面活性剂中，季铵盐占有重要的地位。

3. 两性表面活性剂的特点

（1）甜菜碱型。羧酸的季铵盐型活性剂又称为甜菜碱型两性表面活性剂。甜菜碱型两性表面活性剂可以在所有的 pH 环境下使用。氨基酸型活性剂则不同，当用盐酸中和这类活性剂至微酸性时，则生成沉淀；若再增加盐酸至强酸性时，一度产生的沉淀又重新溶解而呈透明溶液。这是因为在微酸性介质中，由于形成内盐，溶解度减小而有沉淀析出；当继续加入盐酸时，由于生成铵盐，这时氨基和羧基都是亲水基，故水溶性增大。

（2）氨基酸型。常用的有十二烷基氨基丙酸，在碱溶液中形成十二烷基氨基丙酸钠。十二烷基氨基丙酸钠是一种常见的胺盐，它易溶于水，形成透明溶液，并具有碱性。与阴离子表面活性剂相似，它具有出色的发泡性和洗涤能力，因此广泛应用于清洁剂和洗涤剂中。十二烷基氨基丙酸的水溶液显弱酸性，表现为阳离子表面活性剂。氨基和羧基之间少 1 个次甲基的氨基羧酸型两性表面活性剂，性质与十二烷基氨基丙酸钠相似，可作为特殊洗涤剂。

（3）咪唑啉型。此类两性离子型表面活性剂随着 R′ 取代基的不同，其性质有较大的变化。当 R′=H 时，往往表现为一种完全 pH 敏感型表面活性剂。而当 $R'=CH_3$ 时，则其 pH 敏感性更接近 *N*- 烷基甜菜碱，即在酸性介质中表现为阳离子，在碱性介质中表现为两性离子的部分 pH 敏感性。能与所有种类的表面活性剂复配，而且，能溶于高浓度的盐、酸和碱水溶液。R′ 中也含有羧基时，其产物对皮肤和眼的刺激性极小。

4. 非离子型表面活性剂的特点

（1）聚氧乙烯型。常见的非离子—离子复合表面活性剂是聚氧乙烯—阴离子表面活性剂。其分子结构包含两种不同性质的亲水基团：非离子基团和阴离子基团。这使得它在高盐环境下具有良好的耐盐性，适用于各种工业和生活场景。此外，该复合表面活性剂综合了非离子型与阴离子型表面活性剂的优点，避免了它们各自的缺陷。具体来说，它能够克服非离子表面活性剂界面活性较差的问题，同时避免了阴离子型表面活性剂耐盐性差的缺陷，从而在实际应用中表现出优异的性能。

脂肪醇聚氧乙烯醚稳定性较高，因为在其结构中，醇的烃基与聚氧乙烯之间是较稳定的醚键。与聚氧乙烯烷基苯酚醚相比，较容易生物降解；也比聚氧乙烯脂肪酸酯的水溶性好。

聚氧乙烯烷基酚醚的化学性质非常稳定，不怕强酸、强碱且耐高温。聚氧乙烯烷基酚醚随环氧乙烷加成数由小增大，其应用性能也呈规律性变化。当 n 为1 ~ 6时，加成物为油溶性，不溶于水；$n > 8$ 时，则得可溶于水的化合物，当 n 为 8 ~ 12 时，水溶液的表面张力较低。常见的聚氧乙烯烷基酚醚非离子表面活性剂，如 Igepal、Triton 等，都是比较常见的乳化剂、洗净剂、润湿剂。

冠醚型非离子表面活性剂是以多个醚键结合成大环作为亲水基的表面活性剂，其性质类似非离子表面活性剂，但又是具有独特性质的新型表面活性剂。冠醚环的大小及金属离子的离子半径不同，导致它们之间的结合方式各异。这种特性使得冠醚环能与金属离子形成大小合适的络合物，且这些络合物可溶于有机溶剂。由于其结合特性，冠醚环与金属离子构成的络合物成为相转移催化剂的理想选择。根据聚氧化乙烯数的多少可分为四冠、六冠、八冠等。这类表面活性剂具有强力洗净作用、包接作用、能量传递作用等多种功能。但是由于生产成本较高，所以其应用受到一定程度的限制。

（2）多元醇型。多元醇型非离子表面活性剂是指由含有多个羟基的多元醇与脂肪酸进行催化而生成的酯类，此外，还包括由带有 NH_2 或 NH 的氨基醇，以及带有—CHO 基的糖类与脂肪酸或酯进行反应制得的非离子表面活性剂。由于它们在性质上很相似，所以称之为多元醇型非离子表面活性剂。这类表面活性剂具有良好的乳化性能和对皮肤的滋润性能，常用于化妆品和纤维油剂的生产中。

蔗糖酯除了具有非离子型表面活性剂的一般特征，即临界胶束浓度（CMC）较小，降低表面张力的能力强，泡沫性差之外，是一类安全、无毒、无臭、无异味、无刺激、无污染的环境友好型表面活性剂。一般为白色粉状、块状或蜡状固体，易溶于乙醇、丙酮等极性有机溶剂，水溶性好于相应的缩水山梨醇酯。其单酯的 HLB 值为 10 ~ 16，双酯的 HLB 值为 7 ~ 10，三酯的 HLB 值为 1 ~ 7。

烷基糖苷（APG）是通过糖的半缩醛羟基同醇羟基在酸性催化剂作用下脱水而生成的。在分子结构上，烷基糖苷属于非离子表面活性剂，但同时具备非离子和阴离子表面活性剂的优点。一般情况下，烷基多苷的聚合度 n 为 1.1 ~ 3，R 为 C_8 ~ C_{16} 的烷基。烷基糖苷在常温下是白色固体粉末或淡黄色油状液体，在水中溶解度大，较难溶于常用的有机溶剂。由于烷基糖苷的亲水性来自糖上多个羟基与水形成的氢键，而与醇醚不同，因此它不存在“浊点”，在酸、碱性溶液中均呈现出优良的相容性和稳定性。

三、表面活性剂的安全性和温和性

表面活性剂是一类在药物、食品、化妆品和个人卫生用品等领域广泛应用的化学物质。随着人们生活水平的提高，对表面活性剂在人体接触体系中的毒副作用的关注日益增加。这些关注点主要集中在以下几个方面：黏膜刺激性、皮肤致敏性、毒性、遗传性、致癌性、致畸性、溶血性、消化吸收性和生物降解性。尤其是对于化妆品来说，配方的设计逐渐转向保护皮肤健康、减少毒副作用，并在此基础上考虑功能性。面对这些挑战，表面活性剂供应商、配方师和生产厂商必须重新评估产品的安全性和温和性。因此，对于既有的表面活性剂和新型表面活性剂的安全性和温和性进行全面的重新评估显得至关重要。这不仅是该行业的一种责任，也是对消费者健康和安全的一种保障。只有通过深入的研究和全面的评估，才能确保表面活性剂的安全性和温和性达到最高标准，从而为人们提供更加安全可靠的产品。

（一）表面活性剂的安全性

表面活性剂是一类化学物质，其代谢产物可能引起各种生物学变化，包括急性毒性、亚急性毒性、慢性毒性、对生育繁殖的影响、胚胎毒性、致畸性、致突变性、致癌性、致敏性以及溶血性等。在食品和医药行业中，表面活性剂被广泛用作加工助剂或增效剂，这增加了人体消化道、血液系统与其接触的机会。因此，对表面活性剂的毒性、溶血性、遗传性、致癌性和致畸性提出了严格的要求。

特别是在食品和口服药品中使用的表面活性剂，必须是低毒或无毒类物质，以确保其安全性。同时，对于通过静脉或肌肉注射的表面活性剂，需要特别注意其可能引起的溶血性反应，以避免造成血液系统的损害。另外，长期使用表面活性剂的产品时，也需要考虑其可能引起的遗传性、癌变性和致畸性等潜在风险。因此，在医药产品的开发和生产过程中，对表面活性剂的选择和使用必须慎重，以确保人体健康和安全。

（二）表面活性剂的温和性

表面活性剂对人体皮肤、眼睛和毛发的温和性难以明确定义，其刺激或致敏主要由以下三个因素决定。

1. 溶出性

溶出性是评估表面活性剂对皮肤影响的重要指标，其涉及表面活性剂与皮肤中的保湿成分、脂质以及角质层中的氨基酸和脂肪的溶解程度。若溶出过度，可能导致皮肤油脂和表层受损，进而降低皮肤的保水能力，产生皮屑脱落、紧绷、刺痛或干燥感等不适症状。此外，表面活性剂不仅可剥离细胞，还可溶解细胞，例如 SDS 对生物膜的溶解作用。

2. 渗入性

渗入性则指表面活性剂通过皮肤的渗透能力，可能引发各种皮肤炎症。

表面活性剂的渗入会改变皮肤结构状态和相邻分子间的相容性，进而可能导致接触性皮炎、真皮皮炎等皮肤炎症，引起皮肤刺激和过敏反应，表现为红斑和水肿等症状。其中，阳离子型表面活性剂的刺激性最强，阴离子型次之，而非离子型和两性离子型的刺激性最小。

3. 反应性

反应性则指表面活性剂对蛋白质的吸附，导致蛋白质变性以及改变皮肤的 pH 条件等。PEG 非离子类表面活性剂的反应性较低，而 LAS 等阴离子表面活性剂的反应性较高。

第二节　表面活性剂化学结构与性能

一、表面活性剂的基本结构

表面活性剂分子通常由性质完全不同的两部分组成：非极性的亲油基团（疏水基团）和极性的亲水基团（疏油基团）。表面活性剂分子具有不对称结构，是一种双亲分子，具有既亲水又亲油的双亲性质，也称为双亲化合物。

表面活性剂是一类分子，其结构包含亲水基团和亲油基团，这两者的排列顺序可以多样化，可能位于分子末端、中间或者交替排列。

（一）表面活性剂的亲水基

表面活性剂的亲水基对极性表面有明显的亲和性，亲水即易溶于水。亲水基种类很多，可分为离子型和非离子型两大类。离子型亲水基在水溶液中能离解为带电荷的、具有表面活性的基团和平衡离子；非离子型亲水基仅具有亲水性而不能在水中离解。表面活性剂的亲水基一般包括如下类型：

第一，羧酸盐：—COOM。

第二，磺酸盐：$—SO_3M$。

第三，硫酸（酯）盐：$—SO_4M$ 及聚醚硫酸（酯）盐 $RO(CH_2CH_2O)_nSO_3M$。

第四，磷酸（酯）盐及聚醚磷酸（酯）盐。

第五，胺盐：包括伯胺盐—NH_2·HA、仲胺盐=NH·HA和叔胺盐≡N·HA。其中，HA为无机酸（如HX、H_2SO_4、H_3PO_4等）或有机酸（如HCOOH、CH_3COOH等）。

第六，季铵盐。

第七，氨基酸：—$N^+H_2CH_2COO^-$。

第八，甜菜碱：—$N^+(CH_3)_2CH_2COO^-$。

第九，羟基：—OH。

第十，醚键：由极性键或活泼氢化合物，如含—OH、—SH、—COOH、—NH_2、—$NHCONH_2$、—CONH—等的化合物与环氧乙烷加成而得。

第十一，极性键。

（二）表面活性剂的亲油基

表面活性剂的亲油基（疏水基）具有亲油性质，不溶于水，易溶于油。表面活性剂的亲油基团主要是烃类，可分为饱和烃和不饱和烃。饱和烃包括直链烷烃、支链烷烃和环烷烃，其碳原子数大多为8～20；不饱和烃包括脂肪族烃和芳香族烃。表面活性剂的亲油基一般分为如下类型：

第一，直链烃基：C_nH_{2n+1}（n=8～20），包括饱和烃基和不饱和烃基。

第二，支链烃基：C_nH_{2n+1}（n=8～20）。

第三，烷基苯基（R=C_nH_{2n+1}，n=8～16）。

第四，烷基萘基（一般，R、R'=C_nH_{2n+1}，n=3～6）。

第五，间接连接型：上述四类亲油基中引入极性键。

第六，含氟、全氟代烷基：上述五类亲油基上C—H被C—F全部或部分取代。

第七，松香基。

第八，木质素（造纸废液聚合物）。

第九，硅氧烷。

第十，高分子量聚氧丙烷链。

二、表面活性剂的结构与性能的关系

表面活性剂的用途取决于其性能，而其性能又取决于结构。“表面活性剂的化学结构是其各种性能的主要内因，而表面活性剂的性能是分子结构的外部表现。”（梅自强，2001）因此，探讨表面活性剂的化学结构与性能以及性能与用途之间的关系对于正确、合理地选择和使用表面活性剂至关重要。此外，设计或改进表面活性剂的结构以满足特定需求也是至关重要的。

（一）亲水基的结构和位置对性能的影响

1. 亲水基的结构和性能的关系

表面活性剂是一类分子结构中同时存在亲水基和疏水基的化合物，其亲水基的种类多样，包括羧基、硫酸基、磺酸基、磷酸基、氨基、膦基、季胺基、吡啶基、酰胺基、亚砜基和聚氧乙烯基等。这些亲水基可以位于疏水基链的末端或中间位置，其大小和数量都是可变的。

亲水基的多样性为系统总结其与性能的关系带来了挑战。相对于疏水基，亲水基对表面活性剂性能的影响较小，但仍然至关重要。不同类型的亲水基对性能的影响体现在多个方面，包括溶解性、化学稳定性、生物降解性、安全性（毒性）和温和性（刺激性）。

表面活性剂在不同环境中的应用受到其类型和化学性质的影响。阴离子型和阳离子型表面活性剂易受无机电解质的影响，加入无机电解质可以提高它们的表面活性。然而，高价金属离子可能导致阴离子型表面活性剂产生沉淀。由于阴离子型表面活性剂的耐盐性较差，因此在硬水中使用时需要考虑其耐盐性，通常需加入钙皂分散剂和金属离子螯合剂。与之相反，两性表面活性剂通常具有较好的抗硬水性能。非离子表面活性剂极性基团不带电，所以不受无机电解质影响。引入聚氧乙烯链的混合型表面活性剂结合了离子型和非离子型表面活性剂的特性，可显著改善其抗硬水性能。

此外，不同电性（异电性）的离子型表面活性剂一般不宜混合使用。虽然阴、阳离子表面活性剂复配可极大地提高表面活性，但必须遵从特殊的复配规律，而且此类混合体系一般只在很低浓度范围内得到均相溶液（有一些例外，但很少），而表面活性剂实际应用时往往需要在较高浓度才能发挥其应用功能。因此，如何在更高浓度范围得到混合阴、阳离子表面活性剂的均相溶液是此类体系走向实际应用的关键之一。相比之下，非离子型表面活性剂几乎与其他所有类型的表面活性剂都有很好的相容性，可以复配使用。

离子型表面活性剂和非离子型表面活性剂在温度和溶解度之间存在明显差异。随着温度升高，离子型表面活性剂的水溶性增加，并表现出 Krafft 点[1]现象，这是其特征之一。相反，非离子型表面活性剂，特别是聚氧乙烯型，升温时会出现浊点现象，其水溶性随温度升高而降低。一旦温度达到浊点，这些非离子型表面活性剂几乎不再溶解于水中。

阳离子型表面活性剂最主要的特性是由于极性基带正电荷，容易吸附到带负电的固体表面，从而导致固体表面性质发生变化。而非离子型表面活性剂则不易在固体表面发生强烈吸附。此外，阳离子表面活性剂具有很强的杀菌作用，因而毒性也大，而非离子表面活性剂一般无毒，性能温和。

比较烷基硫酸盐和烷基磺酸盐的性能发现，二者表面活性相近，但水溶性有很大差别，同碳链的烷基磺酸盐比烷基硫酸盐的水溶性差很多，如十二烷基硫酸钠的 Krafft 点为 9℃，而十二烷基磺酸钠的 Krafft 点为 38℃。虽然烷基磺酸钠的水溶性低于烷基硫酸钠，但烷基磺酸钠的抗硬水性能却比烷基硫酸钠强得多。更有意义的是，当与阳离子表面活性剂复配时，其溶解性次序与单一体系的正好相反，烷基磺酸钠—烷基季铵盐的水溶性远高于烷基硫酸钠—烷基季铵盐的水溶性。

亲水基体积的增大对表面活性剂在表面吸附层的覆盖面积和降低表面张力的效果有显著影响。首先，较大的亲水基会使分子更易在水相表面形成吸附层，这会增加表面活性剂与水的接触面积，进而增强其降低表面张力的能力。其次，极性基的体积也会对分子在有序组合体中的排列状态产生影响，特别是较大的极性基会影响组合体的形状和大小。在正、负离子表面活性剂混合体系中，增大极性基的体积有助于降低正负离子间的静电引力，从而提

[1] Krafft 点是指离子型表面活性剂在水中溶解度随温度升高而急剧增加的特定温度。

高混合体系中离子间的相互溶解性。但应注意，溶解性的提高也带来表面活性的下降，但对正、负离子表面活性剂混合体系来讲，极性基体积增加所造成表面活性下降的幅度不大，而溶解性的提高则是更需要关注的。

对聚氧乙烯型非离子表面活性剂，亲水基的影响主要表现在聚氧乙烯链的长短。聚氧乙烯链长度增加，不仅影响表面活性剂的溶解性、浊点，而且由于亲水基体积增加，影响表面吸附（如吸附分子在表面层所占面积）以及所形成的分子有序组合体的性质（如增溶性能）等。

2. 亲水基的位置和性能的关系

在表面活性剂分子中，亲水基的位置对其性能具有重要影响。通常情况下，亲水基位于疏水链中间，这种结构使得表面活性剂具有较强的润湿性，但其去污力较差。

以 SO_4 基在烷基链上占有不同位置的烷基硫酸钠为例，可以清楚地说明这一规律。对于十二烷基硫酸钠异构物而言，亲水基 SO_4 位于正中的“15–8”化合物展现出最佳的润湿能力。随着 SO_4 基向碳氢链端点移动，润湿力逐渐下降；对于对称的烷基硫酸钠，则差别不大；在浓度为 0.015mol/L 左右时，13–7、15–8 及 17–9 的润湿力差不多。

润湿力与溶液的表面张力之间存在密切但不完全对应的关系。表面张力是一种平衡性质，而润湿力则更具有动态性，可以通过润湿时间来表示。应注意，不同浓度区域有不同的表面张力关系。这与直链和支链化合物在不同浓度区域有不同的表面张力降低能力有关。举例而言，SO_4 基在碳氢链端点的化合物虽然能够高效降低表面张力，但其降低能力相对较低；而在链中间的化合物在高浓度下则具有更强的降低表面张力的能力，表现出更好的润湿性能。在水溶液中，SO_4 基在碳氢链中间的化合物可能具有更快的扩散速度，这也可能是其润湿时间较短的原因之一。

关于不同分子结构的同类表面活性剂水溶液的润湿力（以润湿时间表示；时间越短则润湿力越强），极性基处于中间位置而碳氢链分支较多者，润湿性能最佳。相同的结构，分子较小，但润湿时间反而更长，其原因可能是碳链较短而表面活性较差（CMC 较大），于是同浓度时溶液表面张力较高而导致润湿力较小。

对洗涤性能（去污力）而言，则情况相反。亲水基在分子末端的，比在中间的去污力强。起泡性能一般亦以极性基在碳链中间者为佳，但要注意，起泡性能与浓度有关，低浓度时可能出现相反情况，这与其水溶液的表面张力相对应。

对于含有苯环的表面活性剂，亲水基在苯环上的位置不同也会影响其性质。例如，在烷基苯磺酸钠中，磺酸基位于对位的产品具有较低的CMC值，这使得其去污力和生物降解性更强，尽管泡沫性能与其他异构体相似。

（二）疏水基的结构对性能的影响

1. 疏水基结构类型的影响

表面活性剂的疏水基（亲油基）一般为长条状的碳氢链。实际上，在"长条状"这一总性质下，疏水基具有各式各样的细致结构。不同的细致结构必然会对表面活性剂的一些性质产生不同的影响。

根据实际应用情况，可以把疏水基大致分为以下几种。

（1）脂肪族烃基：包括饱和烃基和不饱和烃基（双键和三键）、直链和支链烃基，如十二烷基（月桂基）、十六烷基、十八烯基等。

（2）芳香族烃基：如萘基、苯基、苯酚基等。

（3）脂肪烃芳香烃基：如十二烷基苯基、二丁基萘基、辛基苯酚基等。

（4）环烃基：主要是环烷酸皂类中的环烷烃基，松香酸皂中的烃基。

（5）亲油基中含有弱亲水基：如蓖麻油酸（一个—OH基），油酸丁酯及蓖麻油酸丁酯的硫酸化钠盐（—COO—）聚氧丙烯及聚氧丁烯（含醚键—O—）等。

（6）其他特殊亲油基：如全氟烷基或部分氟代烷基、硅氧烷基等。对于此类基团，特别是全氟烷基，不但不亲油（油指一般碳氢化合物），反而有"疏油"的性质。相应地，对氟表面活性剂来讲，由于其含氟烷基既疏水又疏油，一般不强调其分子的两亲性，多强调其一端亲水而另一端疏水。对油溶性氟表面活性剂，则为一端亲油而另一端疏油。

除了如全氟烷基等特殊疏水基外的上述各种疏水基，其疏水性的大小大致排成下列顺序：

脂肪族烷烃≥环烷烃>脂肪族烯烃>脂肪基芳香烃>芳香烃>带弱亲水基的烃基

若就疏水性而言，则全氟烃基及硅氧烷基比上述各种烃基都强，且全氟烃基的疏水性最强。因此，在表面活性的表现上，氟表面活性剂最高，硅氧烷表面活性剂次之，而一般碳氢链为亲油（疏水）基的表面活性剂又次之（在这类表面活性剂中，其次序排列则大致如前所示）。

若就疏水性而言，则全氟烃基及硅氧烷基比上述各种烃基皆优，而全氟烃基最佳。因此，在表面活性表现上，亦是氟表面活性剂最好，硅氧烷表面活性剂次之，而一般碳氢链为疏水（亲油）基的表面活性剂又次之（在这类表面活性剂中，其排列次序大致如前所示）。

选择乳化剂时，应考虑其 HLB 数、亲油基与油的亲和性以及相容性。亲油基与油分子结构越相近，其亲和性和相容性越高。然而，若乳化剂与油缺乏亲和性，它们之间的相容性将受到影响，导致表面活性剂分子易从油相中脱离。表面活性剂分子脱离油相后，油珠失去保护膜，发生聚结，从而破坏乳状液的稳定性。因此，选择乳化剂时应考虑疏水基与油分子的结构的接近程度，以确保亲和性和相容性。

因此，对矿物油（煤油之类）的乳化，以带脂肪族烃基或脂肪基芳香烃基的表面活性剂为宜；而对于染料或颜料的分散，则以带芳香族烃基较多的或带弱亲水基的表面活性剂较佳。

去污作用是润湿、渗透、乳化、分散、加溶等各种作用的综合。乳化、分散作用往往占主要地位；去污主要就是将污垢乳化、分散而除去。由于污垢中油的成分大多是日常生活中常常遇到的脂肪烃类——动、植物油等，普通使用的肥皂及合成洗涤剂即是与之结构相似的表面活性剂洗涤剂。如果采用疏水基芳香性较强的表面活性剂作为洗涤剂，则效果不佳。例如，若用“拉开”粉类短链烷基萘磺酸钠作为洗涤剂，则不能获得良好的去污效果。

乳化硅油时，则以疏水基中含有硅氧烷的有机硅表面活性剂最有效。此即上述规律——“结构越相近，则亲和性和相容性越好”的一个实例。

在表面活性的表现上，由于碳氟烃基有最大的疏水性，故有最高的表面活性，但在油/水界面的界面活性上，则需视“油”的不同性质而有所不同。若油为一般的碳氢化合物，则由于碳氟链与碳氢链间有“互疏”作用，氟表面活性剂不易吸附于界面，于是界面张力比碳氢链表面活性剂的高。

此外，疏水基中有弱亲水基的表面活性剂，其显著特点是起泡力弱。这在工业生产中颇为重要，因为泡沫往往带来很多工艺上的困难。这类表面活性剂中，有硫酸化油酸丁酯、蓖麻油酸丁酯等“红油”类的钠盐，它们都是低泡性的润湿剂、渗透剂（染色助剂）。聚醚型表面活性剂，则由于疏水基为大分子的聚氧丙烯链，含有很多醚键（—O 弱亲水基），故为一种典型的低泡性表面活性剂，甚至可以用作消泡剂，在工业生产中得到广泛应用。

2. 疏水链碳原子数的影响

单链型表面活性剂的效率与碳原子数呈直线关系。随着疏水基中碳原子数的增加，表面活性剂的溶解度和 CMC（临界胶束浓度）减小，但在降低水的表面张力方面表现出明显增长。

3. 疏水链的长度对称性的影响（表面活性剂混合体系）

对正、负离子表面活性剂混合体系，在疏水链总长度一定的情况下，正离子和负离子表面活性剂疏水链长度的对称性（两个疏水链长度是否相等）对其性能有明显影响。首先表现在混合体系的溶解性方面，疏水链对称性差者溶解性好。而表面活性正好相反，疏水链越对称，表面活性越高。表面活性剂混合体系中碳氢链长相差越大则 CMC 值越大，这一规律不仅存在于正、负离子表面活性剂混合体系，而且在离子表面活性剂—长链醇、离子表面活性剂—非离子表面活性剂混合体系中也普遍存在。

4. 疏水链分支的影响

在同种表面活性剂中，若分子大小相同，则具有分支结构的表面活性剂显示出更好的润湿和渗透性能。

一般的洗衣粉中，主要表面活性剂成分为烷基（相当部分是十二烷基）苯磺酸钠。对比烷基部分为正十二烷基（Ⅰ）和四聚丙烯基（Ⅱ）的性质显示，Ⅱ具有分支结构，这使得其润湿和渗透能力相较于Ⅰ更强。然而，这也导致Ⅱ的去污力较小，相比之下，Ⅰ的去污力更强。

又如琥珀酸二辛酯磺酸钠，辛基中有分支者（A—OT）与无分支者（A—OTN）相比，虽然两者皆有相同的相对分子质量，相同的亲水基，以及数目完全相同的各种原子，可以说有相同的HLB数，但在性质上却有明显的差别：前者有更好的润湿、渗透力，CMC则比后者大（二者CMC分别为0.0025mol/L及0.00068mol/L）。很明显，有分支者不易形成胶团，CMC较大，因而去污性能较差；无分支者则与之相反。

5. 烷基链数目的影响

季铵盐正离子表面活性剂中烷基链数目的影响与疏水链分支的情况相似。以烷基苯磺酸钠为例。苯环上的短链烷基的增加可以提高洗涤剂的润湿性，但会降低其去污能力；而单个烷基链的增长则可增强去污力。在洗涤剂活性成分中，烷基苯磺酸盐的烷基部分应为单烷基，以避免在一个苯环上带有两个或多个烷基，以保持其卓越的去污和润湿性能。

6. 疏水链中其他基团的影响

疏水链中不饱和烃基，包括脂肪族和芳香族、双键和三键，有弱亲水基作用，有助于降低分子的结晶性，对于胶团的形成与饱和烃的烃链中减少1 ~ 1.5个CH_2的效果相同。苯环相当于3.5个CH_2。

（三）连接基的结构与性能的关系

亲水基和疏水基一般是直接连接的，但在很多情况下，疏水基通过中间基团（连接基）和亲水基进行连接。有些连接基本身就是亲水基的一部分，例如，AES中的EO，既连接—SO与R，而本身又是亲水基。常见的连接基有—$OCOONHOCOSO_2$—、—$OCOCH_3$—、—CONH—等。由此可知，连接基团对表面活性剂的性能产生多方面影响。它增强了表面活性剂的亲水性，从而提高了其水溶性，使其更易在水中分散。对于离子型表面活性剂而言，连接基团的存在提高了其抗硬水性能，增强了稳定性，因为连接基团能够与硬水中的离子形成络合物，减少其对表面活性剂的影响。在某些情况下，连接基团还可能增加表面活性剂的生物降解性能，使其对环境更加友好。对于可解离型表面活性剂，连接基团的引入使其更容易解离，从而增强了其功能。

然而，连接基团的引入也可能导致表面活性剂的表面活性降低，包括降低表面张力的能力和增大 CMC。此外，连接基团的引入还可能降低表面活性剂的渗透力和去污力。

（四）表面活性剂的溶解性与化学稳定性

1. 溶解性

表面活性剂在水中的溶解性，是表面活性剂最重要的物理性质之一。因为在实际中，多数情况下涉及的相与相之间的表面问题是与水相有关的，如在洗涤、乳化问题中。

表面活性剂是一类能够在水中形成界面活性的化合物，其溶解性受到多种因素的影响。

一般而言，随着表面活性剂分子中疏水基碳链长度的增加，其溶解度会降低，而随着亲水基数目的增加，溶解度则会上升。离子型表面活性剂在溶解性上表现出更为复杂的规律。随着温度升高，离子型表面活性剂的溶解度会增大，但在某一温度节点上，存在一个突变点，即克拉夫特温度或克拉夫特点。当温度超过克拉夫特点时，离子型表面活性剂的溶解度会急剧上升，此时发生胶束效应。胶束是由表面活性剂分子在水溶液中自组装形成的微小结构，其中疏水基聚集在一起形成内核，亲水基暴露在外。

非离子型表面活性剂在低温下通常易溶于水，形成澄清的溶液；但随着温度的升高，溶解度会逐渐降低，直至溶液变得浑浊，表面活性剂开始析出并分层。

相比之下，室温下，非离子型表面活性剂的溶解度通常最大，而离子型表面活性剂的溶解度则相对较小。在离子型表面活性剂中，季铵盐类阳离子表面活性剂的溶解度一般较大。而对于两性表面活性剂来说，正离子部分为季铵盐的溶解度最大。

2. 化学稳定性

不同类型的表面活性剂对不同的酸或对无机盐、氧化剂等试剂表现出来的性质是不同的。因此，了解其化学稳定性对于表面活性剂的选择以及表面活性剂的复配，有十分重要的意义。

（1）酸度的影响。在不同酸碱条件下，阴离子表面活性剂的稳定性表现出显著差异。在强酸环境下，羧酸盐易发生游离羧酸析出，这是由于羧基在强酸条件下失去负电荷，从而失去了稳定性。此外，硫酸酯盐易发生水解反应，而磺酸盐相对较稳定，磷酸酯盐则表现出良好的稳定性，这可能与它的分子结构有关。对于中间键连接的阴离子表面活性剂而言，在酸性环境下具有一定的抗性。

对于阳离子型表面活性剂，在碱性环境中不稳定，易产生游离氨，但相对耐受酸性环境；季铵盐在酸、碱性环境中都相对稳定。

非离子表面活性剂在酸、碱溶液中一般稳定存在，除羧酸的聚乙二醇酯（或环氧乙烷加成物）外。

两性表面活性剂在不同 pH 下的稳定性存在差异，当处于等电点时易生成沉淀，但含有季铵离子的分子较不易沉淀。

对于含有特定化学键的表面活性剂而言，如含有酯键（—CO—O—R—）的易在强酸强碱中水解而不稳定，而含醚键的最为稳定。

（2）无机盐的影响。无机盐对表面活性剂的影响主要表现在导致离子型表面活性剂盐析沉淀，其中多价金属离子的影响更为显著。羧酸类表面活性剂易与多价金属离子形成金属皂，进而导致沉淀生成。与之相比，非离子型及两性表面活性剂受无机盐的影响较小，甚至在高浓度无机盐溶液中仍能保持溶解，表现出较好的相溶性。

（3）氧化剂的影响。氧化剂对表面活性剂的影响主要取决于表面活性剂的结构和化学性质。磺酸盐类表面活性剂和聚环氧乙烷类非离子型表面活性剂由于其 C—S 键和醚键的稳定性较高，对氧化剂表现出较高的稳定性。这两种类型的表面活性剂在含有氧化剂的洗涤剂中是最为适宜的选择，可作为洗净剂使用。此外，全氟碳链表面活性剂由于其疏水基的特性，具有较高的稳定性，可作为铬雾抑制剂。

第三节 油田常用的表面活性剂类型

油田上使用的表面活剂种类很多。“水激地层增产处理时需要控制黏土膨胀和运移，特殊井段需要控制坍塌；原油需要脱盐脱水；含蜡原油需要防蜡；沥青基稠油需要降黏降阻；为了增产原油需要堵水、酸化、压裂，提高采收率需要胶束、微乳液及发泡剂；水处理需要杀菌防腐；清洗设备、漏油处理等都使用各种各样的表面活剂。”适宜驱油用的表面活性剂在多方面具备特殊性能。首先，能够有效降低油水界面的张力，这有助于增强油在水中的分散性。其次，具备改善润湿性能的能力，这样可以使其更好地与油相互作用。另外，具备良好的乳化能力也是必要的，这样油就能够形成水包油型的乳状液，更容易被水相包裹。同时，考虑到地层离子的影响，理想的表面活性剂受地层离子影响应较小，这通常可以通过选择非离子型或者耐盐性较好的阴离子表面活性剂来实现。为了满足前述条件，表面活性剂的亲油基应该具有分支结构，因为分支结构的表面活性剂具有较强的界面张力降低和润湿反转能力。最后，为了达到良好的乳化效果，表面活性剂的 HLB 值应该为 8 ~ 18，以下为常用的表面活性剂。

一、石油磺酸盐

石油磺酸盐是一种重要的化工产品，其来源与成分主要与富含芳烃原油或馏分相关。这些原料经过磺化工艺处理，得到主要成分为芳烃化合物的单磺酸盐。这些化合物包括芳环与一个或几个五元环稠合在一起的结构，以及脂肪烃和脂环烃的磺化物或氧化物。其一般是提炼白油的副产品。通过磺化工艺，原料中的芳烃及其他活性组分被除去，从而得到白油或黄矿油及石油磺酸盐。常用的原料是沸点为 210 ~ 500℃的减二线馏分油，经过磺化和碱中和反应得到烷基芳基磺酸盐。

这种产品的特性表现在其平均分子量为400～580，并含有过磺化物质，需要在采收率技术中进行调整。活性物含量一般为60%～63%，但可以调整到高达80%或低至30%左右。其采收率与原油性质有密切关系，环烷基原油富含芳烃，因此易获得超低界面张力产品。而石蜡基原油中芳烃含量低，导致副产品增加，成本上升，并受经济和副产品处理限制。

在地区特点方面，中国新疆的克拉玛依油田和大港羊三木油田因为原油可生产价格低廉、质量优良的石油磺酸盐产品，所以在该地区该产品有较大的生产优势。

新疆克拉玛依油田在石油磺酸盐生产中采用了原料油精制的做法，处理工艺为稠油—蒸馏—加氢—糠醛精制—磺化—中和等程序。蒸馏的目的是严格控制磺酸盐产品的分子量，采用加氢脱酸的方法脱除馏分油中的石油酸，以免在后续生产中对设备产生腐蚀。糠醛精制是原料控制的关键，为生产适合油田驱油为目的的石油磺酸盐产品进行适度精制，精制过深或过浅都对产品的性能有不利的影响，保持原料油中可磺化的芳烃结构组成有较理想的分布，才能使产品的性能符合驱油的要求。为了保证磺酸盐的质量，磺化油必须有一定的控制指标。

通过两步磺化工艺，可以成功解决石蜡基原油生产石油磺酸盐的收率问题。首先，利用催化剂促进原油与SO_2和Cl_2反应，生成磺酰氯。然后，采用SO_3进行磺化反应，将原油中的芳烃磺化，生成芳基磺酸盐。最后，经过NaOH中和处理，得到烷基磺酸盐和芳基磺酸盐。通过利用原油全馏分，该工艺可使磺酸盐的综合磺化转化率达70%以上。与传统方法相比，这一工艺显著减少了副产物的生成，从而有效降低了成本。

石油磺酸盐的优点是：界面活性高；与原油配伍性好；成本低、工艺简单、竞争力强。但其也存在一些问题：对高价阳离子敏感；易与黏土吸附，即吸附损失严重；产品组成和性能稳定性差。

二、合成烷基苯磺酸盐

合成烷基苯磺酸盐是一种在采油过程中广泛应用的高效稳定的三次采油剂。相较于其他石油衍生的盐类，它具有更为确定和稳定的原料成分和产品性能，能够根据需要进行调配以适应不同类型的原油。其主要类型包括烷基磺酸盐、烷基苯磺酸盐和重烷基苯磺酸盐，而其中烷基碳数为 14 ~ 16 的重烷基苯磺酸盐则具有与大多数原油形成超低界面张力体系的特性，因此在驱油过程中扮演着重要角色。

生产重烷基苯磺酸盐的主要原料是十二烷基苯的生产副产物，约占烷基苯产量的 10%。这些副产物的组成和结构受到十二烷基苯生产方式的影响，因此存在一定的差异。目前主流的生产方法是采用 UOP 法，其过程是以煤油为原料，经过加氢脱去不饱和物质，再脱氢制成 α－烯烃，最后与苯进行烷基化反应。由此产生的重烷基苯主要成分的烷基碳数在 14 左右，其中主要成分为烷基碳数在 17 左右的直链烷基化合物，同时还包括多烷基、烷基苯及苯环与环烷相连的烷基化合物。其沸程一般在 300 ~ 450℃。

三、石油羧酸盐

石油羧酸盐的制备涉及多个步骤，包括高温氧化、皂化和萃取分离。常见的原料是常四线和减二线馏分。这些羧酸盐具有复杂的组成，主要分为烷基羧酸盐和芳基羧酸盐两类。生产方法主要有气相氧化和液相氧化两种。气相氧化使用油酸镉催化剂，反应条件为 325℃，氧与石油烃之比为 2.20，H_2O 与石油烃之比为 25 ~ 50。产品经过 NaOH 皂化后，有效物含量约为 10%。液相氧化是在气相氧化基础上发展的新方法，采用液相氧化剂，在较低的温度下（180℃）反应，可将产率提高至 20%。

在工业应用中，石油羧酸盐作为辅助表面活性剂，与合成烷基苯磺酸盐混用，能够增加表面活性剂驱油体系的稳定性、抗稀释性以及与碱的配伍性。

四、木质素磺酸盐及改性产品

木质素是种子植物中常见的芳香族化合物，其结构复杂，具有高分子特性。在工业上，木质素通常通过碱法或亚硫酸盐法从纸浆废液中提取得到。通过碱法得到的木质素呈碱性，而通过亚硫酸法得到木质素磺酸盐。木质素的分子基本单元为苯丙烷，含有芳环、酚羟基、羧基等反应活性强的官能团，这些官能团使得木质素具有与不同化合物发生反应的能力，从而拓宽了其应用范围。由纸浆废液得到的未经改性的木质素磺酸盐在地层表面吸附量大，因此在驱油过程中作为助表面活性剂使用。木质素磺酸盐与其他磺酸盐表面活性剂复配作为驱油剂使用，可以使主表面活性剂的吸附损失减少 60% 以上，也可以使驱油体系的界面张力再降低一个数量级。

木质素磺酸盐具有亲水性强的特点，但缺乏长链亲油基，因此单独使用时效果不佳，但由于价格低廉，被广泛应用于改性研究中。这些改性研究主要集中在增加木质素的亲油基方面，包括碱木质素烷基化、氧化和醚化反应等方法。通过这些方法得到的改性产品能使目标原油样品与驱替液间的界面张力达到 10^2mN/m 或以下，从而提高了其在油田开采中的应用效果。

第二章　高分子化合物

从低分子化合物到高分子化合物，由于数量的巨大改变而引起质变，从而使得高分子化合物具有一般低分子化合物所没有的特性。同样都是高分子化合物，彼此之间也存在差异性。与低分子化合物相似，高分子化合物的性能主要取决于它们的组成与结构，当然高分子化合物要更复杂一些。高分子化合物尤其是水溶性高分子化合物（或称之为水溶性高聚物）已被广泛地应用于石油钻井、完井、修井以及油气井生产等各种场合。例如，聚丙烯酰胺和聚丙烯酸钠可以防止泥浆失水，保持黏土悬浮，控制泥浆固相含量，絮凝钻屑等。注入少量的含有高分子支承剂的压裂液，可以使地层孔隙压裂撑开，提高地层渗透率。在注水中添加少量高分子化合物，可以使水的黏度大大提高，改善流度比，提高水驱效率等。

第一节　高分子化合物的定义与特点

一、高分子化合物的定义

“高分子”实际是高分子化合物的简称，这个响亮的名字直接来源于这种化合物相对分子质量的巨大，也可称为高相对分子质量化合物。一般高分子化合物的相对分子质量都在 10^4 以上，有的高达几十万，如超高相对分子质量聚乙烯的相对分子质量高达百万，组成人体组织的物质即氨基酸形成的高分子化合物，其相对分子质量往往数以亿计。例如，水的相对分子质量是 18、铁的相对分子质量是 56、银的相对分子质量是 108、硫酸的相对分子质量是 98，这也是高分子化合物最奇特之处。高分子化合物好像是个百变精灵，在适当的条件下采用合适的工艺就能加工成塑料、纤维、橡胶、涂料、胶黏剂等产品，生活中几乎随处可见。

高分子化合物有时简称为“高聚物”“聚合物”“大分子”，特别值得指出的是，“大分子”有时也指代一条高分子化合物的长链。普通单质或小分子化合物的相对分子质量都不大，单质中最大的为两百多，像 Ag 只有 108、Fe 为 56，化合物最大的也只有几百，很少上千，但高聚物的相对分子质量动辄几万、几十万。那么，高分子化合物的相对分子质量如此之大靠的就是组成化合物的一个基本力——共价键。

低分子化合物的分子量一般在 10^3 以下，而高分子化合物的分子量通常为 $10^3 \sim 10^7$，因此高分子化合物具有许多独特的性能，这是量变引起质变的结果。

二、高分子化合物的特点

（一）高分子化合物的性质特点

（1）高分子化合物的分子虽然很大，但其组成通常比较简单。例如，聚乙烯和聚氯乙烯的分子量可高达几十万甚至上百万，但其组成元素则只有 C、H、Cl。通常组成高分子化合物的元素主要有 C、H、O、N、S、Cl、F 等，与组成无机物的元素相比要少得多。

（2）一般的高分子化合物分子量大，不挥发，不能蒸馏，难熔化。

（3）多分散性，高分子化合物实际上是由链节相同而聚合度不同的分子所组成的，因此实际上是各种长度不同的高分子的混合物。此种现象称为多分散性。所谓高分子的分子量系指平均分子量。由于高分子化合物具有多分散性，致使它们在熔化时没有明确而敏锐的熔点。

（4）良好的绝缘性能，由于高分子化合物内，原子间以共价键结合，不能电离，因而对电有良好的绝缘性能。

（5）良好的机械强度，一般的低分子化合物，可认为是球形或椭球形，吸引力比较微弱。而高分子化合物则由几万或几十万个原子所组成，分子间吸引力很大，因而具有一定的机械强度。

（二）高分子化合物的结构特点

高分子化合物的结构基本上只有两种，一种是线型结构，另一种是体型结构。若高聚物的分子链由同一链节重复连接而成，则该高聚物叫作均聚物，如聚乙烯、聚氯乙烯、聚苯乙烯、聚丙烯酰胺等。

若组成高聚物的分子链由两个或两个以上的不同链节重复连接而成，则该高聚物叫作共聚物。其中，无规排列的叫作无规共聚物；不同链节交替排列的叫作交替共聚物；由链节 A 组成的长链与链节 B 组成的长链相互连接而成的叫作嵌段共聚物；由一种链节所组成的长链上接有另一种链节所组成的称作接枝共聚物或支链型共聚物。以上四种共聚物均为线型高聚物。

当高聚物分子链之间相互交联形成三维网状结构时，即形成体型高聚物。

油气田开发中所使用的高聚物，不论是水溶性的还是油溶性的，绝大部分是以高聚物溶液的形式使用的，溶液浓度一般在 1% 以下，属于稀溶液。

第二节　高分子化合物与高分子溶液

一、高分子化合物的分类

对于高分子化合物的分类，需了解以下七种方法：

（一）按高分子的来源分类

按高分子的来源可以将高分子分为天然高分子和合成高分子两大类。

1. 天然高分子

天然高分子源于自然界，包括天然无机高分子和天然有机高分子。例如，云母、石棉、石墨等是常见的天然无机高分子。天然有机高分子是自然界生命存在、活动和繁衍的基础，如蛋白质、淀粉、纤维素、核糖核酸和脱氧核糖核酸就是最重要的天然有机高分子；还有油田上常用于压裂的田菁胶和胍胶等。

2. 合成高分子

在油田使用中有时会用到所谓的生物高分子，它们是通过细菌发酵得到的，如黄胞胶（XG）是由黄单胞杆菌属细菌发酵而得，可用作驱油剂。油田上用得最多的通过人工合成得到的合成高分子是聚丙烯酰胺及其衍生物、酚醛树脂等。

（二）按高分子的用途分类

按高分子材料的用途可以将高分子分为塑料、橡胶、纤维、涂料、胶黏剂和功能高分子六大类。其中前三类即所谓的“三大合成材料”，功能高分子则是高分子科学新兴的和最具发展潜力的材料。

1. 塑料

塑料是指具有可塑性的物质，塑料中除高聚物外还有填料、增塑剂、着色剂及硬化剂等。现代塑料一般是指以合成树脂为基本成分的高分子有机化合物，如聚乙烯、聚氯乙烯等。

起初人们用低分子有机化合物经聚合得到高分子有机化合物，其外观很像天然树脂——如松香，所以把这类化合物叫作合成树脂。通常塑料制品则是合成树脂和增塑剂或填料，按一定组成构成的。

塑料可分为两大类：热固性和热塑性塑料，前者如电木、环氧树脂，这类塑料受热时硬化、凝固，硬化后不能再熔化。后者如聚乙烯、聚氯乙烯，这类塑料受热时软化、熔化，冷却后又凝固，再加热时又软化、熔化，可以反复进行。

塑料按用途可分为通用塑料和工程塑料两种。

（1）通用塑料：包括聚乙烯、聚丙烯、聚氯乙烯、聚苯乙烯、酚醛塑料、氨基塑料等，用途很广。

第一，聚烯烃塑料，包括乙烯和丙烯烃聚合而得的聚乙烯和聚丙烯塑料。和聚氯乙烯相比，聚烯烃则是塑料中的后起之秀，发展速度最快。这主要是由于乙烯和丙烯易于从石油中制得，原料单一，生产工艺简单，聚烯烃塑料和聚氯乙烯塑料性质相近，但前者优于后者，能在 -80℃条件下使用，因此用途极广，目前是通用塑料中最重要的一类。

第二，聚氯乙烯塑料，是氯乙烯单体聚合的产物，目前在各种塑料中消耗量较大。其特点是质轻，有较好的机械强度、电绝缘性和耐腐蚀性。制品外貌美观，易于着色，价格便宜。目前市场上销售的塑料制品如各种薄膜、雨衣、台布、提包、电气设备部件和管件有很大一部分是用聚氯乙烯制得的。

第三，聚苯乙烯，是苯乙烯聚合而成的高聚物，有热塑性，这种高分子产品具有耐化学腐蚀性，耐水性和优良的电绝缘性。主要用于加工成型制品如雷达、电视、无线电的绝缘材料，也用于制泡沫塑料、日用品等。

第四，酚醛塑料，是由酚类和甲醛作用而得的酚醛树脂，并经进一步加工制得的，俗名“电木”。由于有较好的电绝缘性，高的机械强度，并且耐热、耐水、不怕腐蚀等性能，所以和最新出现的各种塑料相比，仍有可取之处，而目前大部分产品用于电绝缘器材。

第五，氨基塑料，也叫“电玉”，是由含氨基的化合物（如尿素）和甲醛作用而得的脲醛树脂，再经进一步加工制得的。具有不易燃烧，好的耐热性、电绝缘性，但会被强酸强碱侵蚀，用作成型材料、涂料、黏结剂。处理织物和纸张，可以增加其抗皱性和抗水性。脲醛泡沫塑料比重只有 0.02，是优良的保温材料。有趣的是其外貌类似雪花，可作舞台布置雪景之用。

（2）工程塑料：包括 A.B.S 树脂（丙烯腈—丁二烯—苯乙烯共聚物）、聚碳酸酯、聚甲醛、聚酰亚胺、聚砜、聚苯醚、含氟塑料等，这类工程塑料可代替金属制造机械零件。

第一，A.B.S 树脂是目前产量最大、价格较低的工程塑料，具有很好的抗冲击性，尤其是在低温时抗冲击强度很高。此外，还有耐化学药品的侵蚀、不怕油等特性。表面可镀铬，易加工，采用注模、挤压等成型方法可制成齿轮、电机外壳、仪表外壳等各种配件。

第二，聚碳酸酯塑料是由双酚和光气作用而得到的，一般是淡琥珀色，有优良的耐冲击性、耐热性，不易变形，在室外放置一年也无任何变化；同时有较好的电绝缘性。能部分溶解于芳香烃中，并受碱水侵蚀。可代替轻金属用于制造各种机械部件和电绝缘材料。

第三，聚四氟乙烯塑料也叫“塑料王”，是以萤石、硫酸和氯仿为主要原料而制得的，具有特别良好的耐热性、耐寒性、电绝缘性和耐化学性，不会被任何强酸强碱侵蚀。甚至连“王水”（三份浓盐酸和一份浓硝酸配成的溶液，能够溶解黄金、白金等贵金属）对其也无可奈何，所以被称为“塑料王”“万能塑料”。但是由于材料不易加工，制品强度低，不易生产，成本高昂，因此发展速度很慢。

第四，聚甲醛是甲醛经聚合得到的产品，有优秀的机械强度和硬度，不易变形。制品表面光滑，和钢板的摩擦系数相近；常温下不受各种化学药品腐蚀，因此适合于代替金属制作某些食品、油脂等工业品的容器和包装用具。

第五，特种工程塑料，这类塑料包括含氟、硅等元素的有机高分子化合物和含芳香杂环的高聚物以及无机高聚物。具有耐高低温、耐辐射等性能，适合做国防工业、宇宙飞行、原子能等尖端技术设备。产量较小，且成本高昂。

例如，聚芳矾可在 –240 ~ 260℃条件下使用。环硅氨烷能耐 500℃的高温，在 1000℃的条件下也可短期使用。聚酰亚胺的制品不仅在 –192 ~ 269℃范围内性能不变，而且有优良的耐辐射性能，是宇宙飞行和原子能工业不可缺少的材料。

2. 橡胶

橡胶是具有高弹性的高聚物，能在外力作用下变形，除去外力后可恢复原来的形状。它基本上是线形结构。橡胶有天然的和人工合成的两大类。

天然橡胶来自植物的产品，含橡胶的植物很多，其中最主要的是生长在热带和亚热带的橡胶树，割开橡胶树的树皮便得到乳状液体，称为橡胶或乳胶。以稀醋酸处理即凝成块，经压制后得生橡胶。生橡胶性软，不透气，遇热后变黏，遇有机溶剂如苯、二硫化碳、汽油等即膨胀成黏稠溶液。天然橡胶的缺点是不耐油，易老化。同时橡胶树的培植占大量的耕地面积、耗人力、生长慢。

正是由于天然橡胶来源有限，同时它的某些性能满足不了使用要求，于是人们研究并合成了橡胶。各种合成橡胶各有特性，因此得到了广泛的应用。石油化工为合成橡胶工业提供了大量的原料——乙烯、丙烯、丁烯和芳香烃。为这一工业的飞跃发展提供了有力支撑。

合成橡胶按主要用途可分为通用合成橡胶和特种合成橡胶两大类。

（1）丁苯橡胶。丁苯橡胶是1，3-丁二烯与苯乙烯的共聚物。它是将单体在低温下用乳液法聚合制成的。单体配料中苯乙烯的含量不同，共聚物的性质也不同，有的耐寒性好，用于耐寒制品，有的具有一定的硬度且有柔韧性，可用作汽车轮胎。丁苯橡胶的优点是比天然橡胶耐磨，耐水性和气密性好，缺点是耐油性差，可塑性低，弹性较天然橡胶差。

丁苯橡胶可与天然橡胶混合制造各种轻便轮胎。如果单独做轮胎，其使用寿命要比天然橡胶轮胎短得多。也可用于生产各种密封配件、电绝缘材料。

（2）顺丁橡胶。它以丁二烯为原料在催化剂作用下经聚合反应得到该产品。顺丁橡胶的特点是耐磨性比天然橡胶好，低温性能好，缺点是不易加工，需与天然橡胶混用，制成各种橡胶制品。可用于制造各种轮胎、运输皮带。

（3）异戊橡胶。异戊橡胶也叫合成天然橡胶。其分子组成和天然橡胶极相似，是异戊二烯在催化剂作用下经聚合作用而得的产物，由于其分子组成和天然橡胶基本一样，所以具有天然橡胶的特征。可单独用来制造各种轮胎，如大型载重轮胎、飞机轮胎以及胶管、胶带等工业品。

（4）乙丙橡胶。它是乙烯、丙烯在催化剂作用下共同聚合的产物。由于原料来源丰富，所以乙丙橡胶自工业化以来发展较快。它具有很好的化学稳定性、电绝缘性、耐老化性和抗臭氧性；但耐油性差，不易和其他橡胶混合使用。适宜做化工设备衬里、电器绝缘配件、胶管、胶鞋等产品。

（5）丁腈橡胶。它是由丙烯腈和丁二烯经聚合制得的产品，是一种生产较早的特种橡胶。主要特点是突出的耐油性，其耐磨性也较天然橡胶高30% ~ 40%，但弹性稍差且不易加工。目前广泛用于制造各种耐油胶管、油箱、密封垫片、耐热运输带等。

甲基苯基硅橡胶具有优良的耐高、低温性，可在 -100 ~ 300℃范围内使用，在 -90 ~ -100℃的条件下仍有良好的弹性。

某些含氟橡胶不仅能耐高温，而且不受化学药剂的侵蚀。

3. 纤维

化学纤维有人造纤维和合成纤维两种。它是用某些天然高分子化合物或其衍生物，经化学处理制得的产品，如醋酸纤维、胶粘纤维等叫作人造纤维。合成纤维是用合成的高聚物制成的。与人造纤维相比，合成纤维强度较好，吸湿性小，但较难染色，不过可以用共聚的方法改善其染色性能。合成纤维不仅广泛用于日常生活中，在工农业生产中也很重要。用合成纤维制成的渔网强度大，质轻，耐腐蚀。另外，发展合成纤维还可以大大节约耕地面积。

目前，工业上生产的合成纤维有聚酰胺纤维（如尼龙）、聚酯纤维（如涤纶）、聚丙烯腈纤维（如腈纶）、聚乙烯醇纤维（如维尼纶）、聚丙烯纤维（丙纶）、聚氯乙烯纤维（氯纶）等。

（1）聚酰胺纤维普遍以苯酚或苯为原料。聚酰胺纤维主要特点是极强韧，抗磨损性为羊毛的 20 倍左右，体轻，富有弹性。外观平滑柔软，但易起球，耐光性也差。适宜做各种衣物，如袜子、衬衣等。工业上用作轮胎帘子线、降落伞绳、渔网、帆布、运输带等。

羊毛中加入 30% 尼龙混纺织物要比纯羊毛织物更耐穿，用作轮胎帘子布，可使轮胎寿命延长一倍以上。

（2）聚酯纤维是以对二甲苯为原料制得的对苯二甲酸和乙二醇再经缩聚反应所得的产物。聚酯纤维的皱纹恢复性极好且耐热、耐光，可制成各种类型织物。做成的衣服平整挺实，洗后无须修整仍可保持原状。由于它吸湿性极低，还适合做船用绳索、渔网、水龙带、救生衣、工业用滤布等。

（3）聚丙烯腈纤维以丙烯和氨为原料，在催化剂作用下氧化可得无色透明有毒液体——丙烯腈。丙烯腈经聚合作用即成聚丙烯腈，也叫奥纶或人造羊毛。它的特点是质轻，极耐光，体大，保温性强，不易走形，性质近似羊毛。适宜做毛衣、毛毯、各种服装、被絮，工业上可制滤布、苫布和密封用的毛毡。

（4）聚乙烯醇纤维是以乙炔和醋酸为原料在催化剂作用下生成醋酸乙烯，再经聚合、加醇分解所得产品。主要特点是吸湿性能较其他合成纤维高，和棉花吸湿性相近似，但强度较棉花高一倍。具有耐酸、耐碱、耐霉的特点。适宜做各种衣服、床单、被里。工业上可用作帆布、滤布、绳索、渔网等。

（三）按高分子主链的元素组成分类

按高分子主链的元素组成，可以将高分子分为碳链、杂链和元素有机高分子三大类。

1. 碳链聚合物

碳链聚合物的大分子主链完全由碳原子组成。由不饱和烃（有双键或三键）单体通过加成聚合反应可得。绝大部分烯类和二烯类聚合物属于这一类，如聚乙烯、聚苯乙烯、聚氯乙烯等。

2. 杂链聚合物

杂链聚合物的大分子主链中除碳原子外，还有氧、氮、硫等杂原子，如聚醚、聚酯、聚酰胺、聚氨酯、聚硫橡胶等。工程塑料、合成纤维、耐热聚合物大多是杂链聚合物。

3. 元素有机高分子

元素有机聚合物的大分子主链中没有碳原子，主要由硅、硼、铝和氧、氮、硫、磷等原子组成，但侧基却由有机基团组成，如甲基、乙基、乙烯基等。有机硅橡胶（聚二甲基硅氧烷）就是典型的例子。

元素有机高分子又称杂链的半有机高分子，如果主链和侧基均无碳原子，则称为无机高分子，如聚二氯磷腈。

（四）按制备高分子的聚合反应类型分类

按制备高分子的聚合反应类型，可分为加聚反应得到的加聚物和缩聚反应制得的缩聚物两大类。

1. 加聚反应得到的加聚物

单体加成而聚合起来的反应称为加聚反应，反应产物称为加聚物。其特征是：加聚反应往往是烯类单体打开双键进行加成的聚合反应，无官能团结构特征，多是碳链聚合物；加聚物的元素组成与其单体相同，仅电子结构有所改变；加聚物相对分子质量是单体相对分子质量的整数倍。

2. 缩聚反应得到的缩聚物

缩聚反应是缩合反应多次重复进行，最终形成聚合物的过程，兼有缩合出小分子和聚合成高分子的双重含义，其反应产物称为缩聚物。其特征是：缩聚反应通常是官能团间的聚合反应，反应中有小分子副产物产生，如水、醇、胺等。缩聚物中往往留有官能团的结构特征，如—OCONHCO，故大部分缩聚物都是杂链聚合物。缩聚物的结构单元比其单体少若干原子，故相对分子质量不再是单体相对分子质量的整数倍。

（五）其他分类方法

1. 按高分子的相对分子质量分类

高分子材料可以根据其相对分子质量或聚合度的不同，划分为不同的类别。一般而言，高分子材料可以分为低聚物和高聚物两大类。低聚物是指由少量单体分子通过聚合反应形成的分子量较低的聚合物，分子量通常在几百到几千之间。高聚物则是指由大量单体分子通过聚合反应形成的分子量较高的聚合物，分子量通常为几万到几百万甚至更高。

预聚物是指在聚合反应的初期阶段形成的聚合物，其分子量还未达到最终的聚合度，是一种中间状态的聚合物。预聚物在进一步的聚合或固化过程中，可以转变为具有更高分子量和更稳定结构的最终聚合物产品。

2. 按聚合物受热时的不同行为分类

按聚合物受热时的不同行为，可以将高分子分为热塑性和热固性两种类型。热塑性是指加热后可以流动而冷却后固化的性质，此类高分子受热变软可流动，多为线型高分子；热固性是指物质加热后固化，再加热后不熔化的性质，此类高分子受热后转化成不溶、不熔、强度更高的交联体型聚合物，如热固性酚醛树脂。

3. 按高分子的化学结构分类

按高分子的化学结构，可以将高分子分为聚酰胺、聚烯烃、聚酯、聚氨酯等。

二、高分子化合物的命名

（一）“聚”+“单体名称”命名法

“聚”+“单体名称”。

（二）“单体名称”+“共聚物”命名法

“单体名称”+“共聚物”命名法适用于两种或两种以上烯类单体制备的加聚共聚物，通常不用于缩聚物。例如，苯乙烯与甲基丙烯酸甲酯的共聚物命名为“苯乙烯—甲基丙烯酸甲酯共聚物”。

（三）“单体简称”+“聚合物用途”或“物性类别”命名法

由两种或两种以上单体合成的混缩聚物，取单体简称再加“树脂”。例如，苯酚与甲醛的缩聚物称为酚醛树脂，尿素与甲醛的缩聚物称为脲醛树脂等。

多数合成橡胶是由一种或两种烯类单体合成的加聚物，通常在“橡胶”两字前加上单体的简称二字（或两种单体各取一字）即可。例如，丁二烯与苯乙烯的加聚物命名为丁苯橡胶，丁二烯与丙烯腈的加聚物称为丁腈橡胶。

“纶”取自英文后缀的 lon，用来命名具有纤维性状的合成聚合物或说明其制成品的原料材质。例如，聚丙烯腈经溶液纺丝可得人造羊毛。

（四）化学结构命名法

化学结构命名法的要点是按照与聚合物对应的有机化合物的类别将其冠以“聚”字，如聚酯、聚酰胺等。多数聚酰胺的全名较长，商业上通常用英语名称“nylon”的音译“尼龙”作为聚酰胺的通称，在“尼龙”后面依次加上原料单体二元胺和二元酸的碳原子数。例如，尼龙 –610 是己二胺与癸二酸的聚合物，尼龙-6也叫锦纶的原料，可以是己内酰胺，也可是6-氨基己酸。

（五）“IUPAC”系统命名法

IUPAC是纯化学及应用化学国际联合会的简称。其命名法要点包括：确定聚合物的重复结构单元，将重复结构单元中的次级单元（取代基）按由小到大、由简到繁的顺序进行书写，命名重复结构单元，并在前面加“聚”字。

三、高分子溶液

高分子溶液最初又被称为亲液溶胶，因为高分子较大，在水溶液中属于胶体的范畴。但是高分子是自动溶解成热力学稳定体系的溶液，所以有别于热力学不稳定的胶体分散体系。

（一）高分子的溶解过程

溶解过程是溶质和溶剂的分子相互扩散形成均匀体系即溶液的过程。分子间的相互作用和分子的热运动直接影响溶质在溶剂中的溶解，同低分子化合物的溶解一样，高分子化合物的溶解也遵守一定规律：①组成和结构相似的物质可以互溶；②溶质的分子量越大，溶解度越小；③溶质的熔点越高，溶解越困难；④溶剂的温度越低，溶解的溶质越少。

由于高分子化合物的分子量巨大，分子间作用力很大，甚至可以超过化学键力，因此高聚物的分子要想从周围分子的作用下解脱出来必然是困难的和缓慢的。同时由于分子很大，其扩散速度与溶剂小分子相比要慢得多，基本上可以略去不计，溶剂小分子可以快速地向高分子扩散，而高分子基本上是不动的。

在高聚物溶解成均匀溶液之前，由于溶剂小分子的渗透，高分子化合物首先发生体积增大的现象，叫作高分子的溶胀；溶胀的结果是使高分子链松动，进而溶解均匀分散到溶剂中形成溶液。所以高分子化合物的溶解分两个阶段：先溶胀，后溶解。只有线型高分子才能溶解，但有的线型高分子只能溶胀而不溶解，大多数的体型高分子既不溶胀也不溶解。

（二）聚合物溶液性质

目前油田常用的提高采收率的聚合物主要有两种：一种是部分水解聚丙烯酰胺（HPAM）；另一种是生物聚合物黄原胶。

部分水解聚丙烯酰胺（HPAM）分子是由丙烯酰胺单体和丙烯酸单体嵌段共聚，由单体丙烯酰胺聚合得到聚丙烯酰胺，然后在碱性溶液中进行部分水解。由于从结构上看不像黄原胶刚性或半刚性结构，而属于柔性链结构的无规线团，因此其流变性受到溶液中离子强度的强烈影响。其相对分子质量为 2×10^6 ～ 2×10^7，分散系数为 1.6 ～ 2.5。

黄原胶主链是由葡萄糖单体通过 β（1–4）配糖键合成，主链上相间的结构单元所连接的侧链由甘露糖—葡糖醛酸—甘露糖组成。黄原胶具有螺旋结构，其侧链沿着螺旋线折起来，形成稍有柔性的刚性柱状态。从结构上看，其流体的流动特性对温度、pH 值和溶液离子强度是不敏感的。黄原胶的相对分子质量为（4 ～ 12）$\times10^6$，分散系数（质均分子量 / 数均分子量）为 1.4 ～ 2.8。

1. 聚合物溶液的黏度

高分子水溶液有较高的黏度，因为高分子的分子体积较大，亲液基团的溶剂化作用以及高分子链相的相互缠结，所以高分子水溶液的黏度随高分子浓度的增加而急剧升高。温度升高，高分子的分子间力以及溶剂的黏度都会降低，因而高分子溶液的黏度也降低。

利用聚合物溶液的黏度可以改善注入流体的流度比，并且可调整地层吸水剖面，这都可提高原油采收率。

聚合物黏度受到多重因素的影响，具体如下：

（1）聚合物分子量越大，对于线型高分子，其主链越长，水力半径越大，在水中内摩擦越大。HPAM 水解度是指聚丙烯酰胺在碱性溶液中，由酰胺基转变为—COONa 的百分数。HPAM 溶解于水中，其黏度随着水解度增加而增加。由于—COO^- 带负电荷，电性相斥使无规线团伸展，内摩擦提高，黏度增加。

（2）当 HPAM 溶解于水时，—COONa 基团电离，电离 Na^+ 一部分吸附在负电基团附近，一部分扩散进入水中，分别形成吸附层和扩散层，称为扩散双电层。随着 HPAM 分子本身负电荷量逐渐减少，分子内的电斥力降低，其形状逐渐恢复到蜷曲状态，则溶液的黏度降低。

（3）pH 对于高分子电解质的溶液黏度有很大的影响。聚电解质的亲水基团不同，受影响的程度也有所不同。一般地，聚电解质的亲水基团有羟基（—OH）、羧酸根（$—COO^-$）和磺酸根（$—SO_3^-$）。—OH 受 pH 的影响不大。羧酸根受 pH 的影响则最大，如部分水解的聚丙烯酰胺（HPAM）中一部分酰胺基水解成羧酸和羧酸钠，当 $pH < 7.5$ 时，HPAM 的黏度随 pH 的增加而急剧上升；pH=7 ~ 10 时，黏度变化不大；$pH > 10$ 时，随着 pH 的增加，HPAM 的黏度又急剧下降。因为 HPAM 中的亲水基团是—COONa，在 pH 较小即酸性条件下时，变成—COOH，随着 pH 的增加，—COOH 电离，由于—COO^- 的静电斥力，使高分子链在水中伸展开来，因而黏度急剧增大；当 pH 再继续增大时，由于水中无机盐电解质增多，盐敏效应使得高分子链在水中变得蜷曲，从而使高分子溶液的黏度渐渐变小。而磺酸盐受 pH 的影响则较小，所以有磺酸根基团的高分子性能较稳定，在油田化学中用得较多，如钻井液中的三磺泥浆可以用于深井的钻探。

2. 聚合物溶液的流变性

聚合物溶液一般属于假塑性流体，常常以黏度对剪切速率作图得到曲线即假塑性流变性。

聚合物在油层中流动受到两种力的作用，一种是在等径毛细管中流动，仅受剪切力作用；另一种是拉伸作用，即在毛细管的孔喉处所承受的作用。

在毛细管中聚合物溶液受到切应力作用，液层以不同速率流动，越靠近管壁剪切速率愈小，故在毛细管中其剪切速率分布呈抛物线，即出现指进现象。但是在孔喉处流速远大于孔喉前后附近的流速，即在喉道流线收缩，流动单元在横向上变细，在轴向上伸长，从而产生拉伸流动。

聚合物溶液属于假塑性流变特性，这是由于聚合物溶液在静止状态，大分子以无规线团分散在水中。随着剪切速率增加，无规线团在剪切力场的作用下被破坏，由球形变成椭球形，分子变长变细，并按照流动方向取向，呈现剪切稀释现象。

3. 聚合物溶液在多孔介质中流动特性

聚合物在等径的毛细管中受到剪切力作用，其流变性服从幂律模型。但是在油层多孔介质中毛细管存在喉道，有拉伸应力作用，即蜷曲高分子通过喉道时分子链得到拉伸。因此，本来是假塑性流体，当通过多孔介质毛细管的喉道时，这种流体呈现了胀流性。

当聚合物溶液在一定低速范围通过孔隙介质时，以剪切流动为主，在孔喉处分子沿着流动方向伸展，流动阻抗随速度增加而下降，出现剪切稀释现象，属于塑性流变。当流速增加到一定程度时，在孔喉处的流速和拉伸速率都显著增加，由于高分子的弹性显示出剪切增稠。

4. 聚合物在多孔介质中的滞留作用

聚合物溶液在多孔介质流动时，其大分子从水相中逃逸出来，而黏附在固定介质附近，这种现象称为“滞留”。向驱替液中加入聚合物的目的是增加注入体系的黏度。由于聚合物与多孔介质之间可能存在相互作用，引起聚合物的滞留，而使注入液中的聚合物浓度降低，相应黏度降低，不利于驱油。但是，从另外角度看，滞留的聚合物导致油层渗透率下降，则有利于驱油。针对某个油田试验区，准确测得滞留量对现场试验有指导作用。

聚合物溶液经过多孔介质时，其浓度损失的部分原因是机械捕集和水动力滞留。这两种滞留造成流经孔隙截面积减小，严重时可能引起完全堵塞。它们的作用远远超过吸附。另外，当砂岩浸泡在聚合物溶液中，这两种现象不会出现。

（1）机械捕集。聚合物分子滞留在狭窄的流动孔隙，似乎这种孔隙介质起着过滤作用。对于 HPAM 溶液，机械捕集吸附量可忽略不计，但是配制含有 100mg/L、500mg/L HPAM 的 2%NaCl 溶液，其滞留量为 10 ~ 20μg/g，这说明机械捕集的作用受到盐度的影响。这种滞留在岩心入口处严重，距岩心入口处愈远，机械捕集愈少，机械捕集最终会达到饱和。

（2）水动力滞留。聚合物滞留达到稳态后，改变流速时，总滞留量又发生变化，这是由水动力滞留的机理所引起的。有些高分子由于水动阻力的影响而暂时捕集在“死”流区。随着聚合物流速的增加，这种“死”流区的体积增大，因此捕集聚合物分子增多。当溶液停止流动时，聚合物分子要扩散进入流动孔隙处，因此流体重新开始流动后，这些聚合物也随着溶液流动，所以产出液中又会得到聚合物。

（3）吸附滞留。在大多数现场应用中，聚合物被吸附产生滞留是溶液中最主要的损耗。

（三）高分子浓溶液

1. 聚合物的增塑

为了改善聚合物材料的成型加工性能和使用性能，通常在聚合物树脂中加入一些高沸点、低挥发性的小分子液体或低熔点的固体，这类物质被称为增塑剂。在聚合物中加入的增塑剂与聚合物应该是相容的，因此，聚合物—增塑剂体系可以被认为是一种聚合物的浓溶液。

增塑剂加入聚合物中，以降低聚合物的玻璃化温度和黏流温度，改善成型加工时树脂的流动性（降低黏度），并使制品具有较好的柔韧性和耐寒性。例如：聚氯乙烯的热分解温度与黏流温度非常接近，如不加增塑剂，成型时必须在较高温度下才能使树脂获得应有的流动性，而这时树脂的热降解已相当严重，所以给成型加工带来很大困难。加入30% ~ 50%的增塑剂（如邻苯二甲酸二丁酯）后黏流温度明显下降。成型温度降低，有效地避免了成型加工过程中的热降解。另外，增塑剂的加入，使分子链比未增塑前较易活动，其玻璃化温度自80℃降至室温以下，弹性大大增加，从而改善了制件的耐寒、抗冲击等性能，使聚氯乙烯能制成柔软的薄膜、胶管、电线包皮和人造革制品。

增塑剂之所以能起上述作用，关键在于它能有效地降低聚合物分子间的相互作用。非极性增塑剂—非极性聚合物体系和极性增塑剂—极性聚合物体系的作用机理有所不同。非极性增塑剂—非极性聚合物体系中，增塑剂主要通过介入大分子链间，增加大分子间距来降低大分子间的相互作用。增塑剂分子体积越大，增塑效果越好。长链的增塑剂分子比环状的增塑剂分子与大分子链的接触机会更多，增塑效果更好。通常用聚合物的玻璃化温度在加入增塑剂后降低的程度来衡量增塑剂的增塑效果。在非极性增塑剂—非极性聚合物体系中，增塑效果与增塑剂的体积分数成正比。

对于极性增塑剂—极性聚合物体系来说，增塑剂主要利用其极性基团与聚合物分子中的极性基团的相互作用来取代原来的聚合物—聚合物间的相互作用。增塑后，聚合物玻璃化温度的降低，应与增塑剂加入的摩尔数（而不是体积分数）成正比，实验证实了这一点。

显然，如果某种增塑剂分子中有两个或更多个可取代聚合物间相互作用的极性基团，其增塑效果将比单极性基团的好。

以上讨论的是两种极端的情况，实际上大多数聚合物—增塑剂体系处于这两者之间。

2. 纺丝溶液

合成纤维工业中采用纺丝法，或是将聚合物熔融成流体，或是将聚合物溶解在适宜的溶剂中配成纺丝溶液，然后由喷丝头喷成细流，再经冷凝或凝固成为纤维。前者称为熔体纺丝，后者称为溶液纺丝。锦纶和涤纶等合成纤维的生产均采用熔体纺丝法，但聚丙烯腈这类聚合物，由于其熔融温度高于分解温度，因此通常不能采用熔体纺丝法，而采用溶液纺丝法。生产聚氯乙烯纤维（氯纶）、聚乙烯醇纤维（缩甲醛后即为通常所称的维尼纶）也都采用溶液纺丝法。

溶液纺丝又分为湿法和干法，但无论是湿法纺丝还是干法纺丝，首先都要将聚合物溶解于溶剂中，配制成溶液（纺丝溶液），或者是用均相溶液聚合直接制成液料，再进行纺丝。在配制纺丝溶液时，干法纺丝溶液的浓度比湿法纺丝溶液的浓度高，如聚丙烯腈湿法纺丝溶液浓度一般是 15% ~ 20%，干法纺丝溶液浓度为 26% ~ 30%。

3. 凝胶与冻胶

聚合物溶液失去流动性时，即成为凝胶和冻胶。例如，溶胀后的聚合物、食物中的琼脂、许多蛋白质和动植物的组织等。

（1）凝胶。凝胶是交联聚合物的溶胀体，不能溶解，也不熔融，具有高弹性，小分子物质能在其中扩散或进行交换。自然界中的生物体都是凝胶，一方面有强度可以保持形状而且柔软，另一方面允许新陈代谢，废物得以排泄以及吸取所需要的养料。

（2）冻胶。冻胶是由范德华力交联形成的，加热可以拆散范德华力交联，使冻胶溶解。冻胶可分为两种，一种是分子内的范德华力交联；另一种是分子间的范德华力交联。这两种冻胶的性质不同，分子内交联形成的冻胶，分子链为球状结构，黏度小。若将此溶液真空浓缩成为浓溶液，其中每一个高分子本身就是一个冻胶，不能再形成分子间的交联，虽然可以得到黏度小而浓度高达 30% ~ 40% 的浓溶液，但由于分子链自身的卷曲，不易取向，以这种溶液纺丝得不到高强度的纤维。如果形成分子间的范德华力交联，则得到伸展链结构的分子间交联的冻胶。这种溶液黏度较大，用加热的方法可以使分子内交联的冻胶转变成为分子间交联的冻胶。因此，用同一种聚合物溶液配成相同浓度的溶液，其黏度可能相差很大。用不同的处理方法可以得到不同性质的两种冻胶，也可以得到两种冻胶的混合体。

4. 高聚物的共混

共混高聚物，从广义上讲，可以被视为一种特殊的溶液，其中的不同高聚物组分通过物理混合形成均匀的混合物。这种混合物的形成通常是通过机械力，如搅拌、剪切等作用实现的，目的是改善或调整高聚物的性能，以满足特定的应用需求。在工业生产中，共混高聚物具有重要的实用价值和广泛的应用前景。

现在高聚物共混体系已发展到弹性体和弹性体以及塑性体和塑性体之间的共混。例如，聚甲醛中混入聚四氟乙烯可降低摩擦系数；在环氧树脂或酚醛树脂中混入聚己内酯可改进它们的脱模性；聚己内酯中混入聚乙烯或聚丙烯可改进其染色性等。

高聚物的共混材料，也出现于合成纤维工业。例如，把两种合成纤维的切片在同一溶剂中纺丝形成共混纤维，以改进它们的强度、染色性和去除静电效应等性能。

（四）聚电解质溶液

聚电解质是指分子链结构单元上带有可电离基团的聚合物。分子链上带正电荷的称为阳离子型聚电解质，带负电荷的称为阴离子型聚电解质，同时带有正负电荷的称为两性聚电解质，如丙烯酸—乙烯基吡啶共聚物，以及蛋白质和核苷酸等。

聚电解质溶液的性质受溶剂性质影响很大。对于非离子型溶剂，聚电解质溶液性质与普通高分子溶液类似。但当聚电解质溶于可离子化的溶剂中时，将发生离解作用，生成许多小分子抗衡离子分布在高分子离子周围。离子化作用的结果是使聚电解质溶液在黏度、渗透压和光散射性质等方面与普通高分子溶液相比表现出特殊性质。这主要是因为离解作用使高分子链上带了许多同性离子，同性离子之间的静电排斥作用引起高分子线团的扩张。由于线团尺寸的增加，离子化的聚电解质溶液的黏度要比未离子化的高。通常，非离子化的高分子溶液黏度随浓度增加而增大。而聚电解质溶液在浓度较大时，链周围存在大量的反离子，同性离子的相斥作用相对减弱，因而黏度增加不很明显。若溶液浓度降低，反离子则向溶剂区域扩散，导致高分子链上的同性电荷数增大，从而排斥作用增大，导致黏度随浓度降低而逐渐增大。当高分子链扩展得较充分时，再继续对溶液进行稀释，发现黏度与普通聚合物溶液一样随溶剂的加入而下降。如果在聚电解质溶液中加入 NaCl 之类的小分子强电解质，会抑制反离子向纯溶剂区域的扩散产生作用，削弱聚电解质溶液黏度因稀释而增加的效应。当外加盐的量足够多时，聚电解质溶液的黏度行为同普通聚合物溶液的行为类似。

第三节　油田常用的高分子化合物

一、油田常用高分子化合物的类型

高分子化合物尤其是水溶性高聚物在油气田的开发中获得了广泛的应用，如泥浆处理剂、驱油剂、堵水剂、压裂液、增黏剂、防蜡降凝剂、黏土防膨剂、防砂胶结剂及降阻剂等，下面就其中五种主要应用做简要介绍。

（一）泥浆处理剂

泥浆是钻井的血液，是实现快速优质钻井的重要保证。泥浆要能满足钻井的要求，必须具有优良的性能，而泥浆的这种性能主要靠处理剂来维持，高分子就是一种性能优良的处理剂。

随着世界石油钻井技术的迅速发展，特别是从20世纪70年代以来，高分子化合物被广泛用作泥浆处理剂。在扩大泥浆品种、改善泥浆性能方面取得了很大的成绩。为提高钻速、降低成本做出了贡献，因而受到普遍的重视。使用较多的是聚丙烯酰胺和部分水解聚丙烯酰胺。

（二）驱油剂

注水采油效率不高的主要原因，是水油流度比过大和非均质地层所引起的驱动液（水）波及系数小，而要提高驱动液的波及系数，必须控制水油流度比。由于地层的渗透率是一定的，所以提高水驱效率的主要措施是提高水的黏度以降低流度比，而提高注入水黏度的主要方法就是加增稠剂（水溶性聚合物）。

用作增稠剂的高聚物应具有如下特点：有适当的分子量；每个链节上都有亲水基；具有线性结构（或带支链的）。符合上述要求的高分子主要有聚乙二醇聚乙烯醇、聚丙烯酸钠、聚丙烯酰胺、部分水解聚丙烯酰胺、聚苯乙烯磺酸钠。此外，还有羧甲基纤维素、羟乙基纤维素等，但增稠效果最好的是聚丙烯酰胺（PAM）。

（三）压裂液

“在油田开采过程中，灵活使用压裂技术是有效提升原油采收率的重要举措，而其中起到传递压力以及携带支撑剂作用的就是压裂液，这正是整个压裂技术的核心部分。”

压裂液体系的组分中包含黏弹性表面活性剂，黏弹性表面活性剂含两亲分子，其流动性与其他溶液有一个不同之处，在黏弹性表面活性剂浓度大于临界值的情况下，两亲分子内部结构中的疏水基长链便逐渐伸入水中，并通过分子间的相互作用，聚成一团，形成球形胶束；当黏弹性表面活性剂的浓度慢慢升高时，表面活性剂溶液的性质会发生改变，球形胶束所占的空间缩小，胶束与胶束间的排斥作用便增大了，在这种情况下，表面活性剂胶束形态发生了改变，逐渐转变成所需空间更小的线型胶束或棒型胶束；其中的棒型胶束还会进一步发生形变，形状逐渐变长，称之为蠕型胶束，这种蠕型胶束凭借产生的疏水作用相互缠绕，逐渐延伸，形成立体式的交联网状结构，这种结构的表面活性剂溶液黏弹性能与黏度都较高，悬浮沙砾的能力也非常强。可想而知，该黏弹性表面活性剂溶液的浓度继续逐步加大，形成的立体式交联网络状结构会转变成海绵状的网络结构。

进行压裂施工尤其是水利压裂作业时，压裂液是必不可少的工作液体，贯穿整个压力作业过程，压裂液体系的性能是施工各项因素中的重中之重。

（四）防蜡降凝剂

油井和输油管线结蜡可导致减产甚至停产，因此防止油井和输油管线结蜡是重要的增产措施。目前所用的防蜡剂或降凝剂大多是高分子化合物，如高压聚乙烯、乙烯醋酸和乙烯酯共聚物、乙烯和羧酸丙烯酸酯共聚物。

（五）降阻剂

高聚物溶液的黏度虽然很大，但属于假塑性体，黏度随切速而变，即在流速很高时黏度反而下降，具有这种作用的物质叫作降阻剂。作为降阻剂的高分子应具有如下特点：①具有足够的分子量；②具有线型结构；③具有可溶性（包括水溶性和油溶性）。

在流速很高时，大分子将沿流动方向取向，可减少液体分子由于横向运动而产生的能量损耗，使沿程阻力下降。聚乙二醇、聚乙烯醇、聚丙烯酰胺、羧甲基纤维素等可作水基降阻剂；聚异丁烯、聚苯乙烯、聚甲基丙烯酸酯等可作为油基降阻剂。

二、高分子化合物在油田中的应用

（一）聚丙烯酰胺在油田中的应用

聚丙烯酰胺（PAM）是由丙烯酰胺聚合而成的。聚丙烯酰胺对热比较稳定。它的固体在 220 ~ 230℃才软化，它的水溶液在 110℃以后才明显地降解。

聚丙烯酰胺不溶于汽油、煤油、苯等非极性溶剂，但溶于水。由于聚丙烯酰胺在水中不能解离，所以它的链节在水中不带离子。为了区别后面讲到的离子型聚丙烯酰胺，可将这种聚丙烯酰胺叫非离子型聚丙烯酰胺。

聚丙烯酰胺的主要化学性质如下：

1. 与碱反应

聚丙烯酰胺可在碱的作用下进行水解，水解产物中还含有—$CONH_2$，这表示聚丙烯酰胺仅是部分水解，所以是部分水解聚丙烯酰胺。如将部分水解聚丙烯酰胺溶于水，它可解离出带负电的链节，所以这种聚丙烯酰胺也叫阴离子型聚丙烯酰胺。由于链节间的静电斥力，可使卷曲的高分子变得松散，因此，部分水解聚丙烯酰胺比聚丙烯酰胺更宜溶解并有更好的增黏能力。

2. 与酸反应

在强酸性（$pH \leqslant 2.5$）条件下，聚丙烯酰胺分子内和分子间可产生亚胺化，降低它在水中的溶解度。

3. 与醛反应

聚丙烯酰胺可与甲醛作用生成羟甲基化的聚丙烯酰胺。羟甲基化的聚丙烯酰胺与胺的盐酸盐作用，可得阳离子型聚丙烯酰胺。阳离子型聚丙烯酰胺用于水处理和黏土防膨。

4. 降解反应

降解反应是指高分子在物理因素和化学因素作用下发生的相对分子质量降低的反应。

在光、热和机械作用下，聚丙烯酰胺可发生降解反应。因此，使用聚丙烯酰胺时，要尽量避免光、热和剧烈的机械作用。

在氧存在下，聚丙烯酰胺可发生降解，所以，配制聚丙烯酰胺的水最好先除去氧。例如，可用除氧剂亚硫酸钠，反应式如下：

$$O_2 + 2Na_2SO_3 \longrightarrow 2Na_2SO_4$$

5. 交联反应

交联反应是指线型高分子通过分子间化学键的形成而产生体型高分子的过程。能使线型高分子产生交联的物质叫交联剂。甲醛、乙醛等都可在一定条件下作聚丙烯酰胺的交联剂。

交联后的聚丙烯酰胺可用于注水井的调剖剂、油井的堵水剂和油水井压裂用的压裂液。

（1）用作驱油剂。在提高石油采收率的三次采油方法中，用聚丙烯酰胺作驱油剂占有重要地位。聚合物的作用是调节注入水的流变性，增加驱动液的黏度，改善水驱波及效率，降低地层中水相渗透率，使水与油能匀速地向前流动。采用胶束 / 聚合物驱油时，先将表面活性剂与助剂配成具有超低界面张力的微乳液注入注水井中，再注入聚合物溶液，最后注水呈柱塞流动向前推进，驱替分散在孔隙内的残余油，提高原油的采收率。用于三次采油的聚丙烯酰胺浓度一般为 10% ~ 50%、相对分子质量从几十万到千余万。

（2）用作堵水调整剂。在油田生产过程中，由于地层的非均质性，常产生水浸问题，需要进行堵水，其实质是改变水在地层中的渗流状态，以达到减少油田产水、保持地层能量、提高油田最终采收率的目的。聚丙烯酰胺类化学堵水剂具有对油和水的渗透能力的选择性，对油的渗透性降低最高可超过10%，对水的渗透性减少可超过90%，选择性堵水这一特点是其他堵水剂所没有的，通常视地层类型选择合适的聚丙烯酰胺相对分子质量。均质性好、平均渗透率高的油层，可选用中相对分子质量（$5\times10^{6}\sim7\times10^{7}$）的聚丙烯酰胺；基岩渗透率低的裂缝性油层或渗透率变化大的油层，可选用高相对分子质量（1×10^{8}）的聚丙烯酰胺。

在油井中，部分水解聚丙烯酰胺堵水的选择性表现在以下四个方面：

第一，它优先进入含水饱和度高的地层。

第二，进入地层的部分水解聚丙烯酰胺可通过氢键吸附在由于水冲刷而暴露出来的地层表面。

第三，部分水解聚丙烯酰胺分子中未吸附部分可在水中伸展，降低地层对水的渗透性。

第四，部分水解聚丙烯酰胺对油的流动也产生阻力，但它可为油提供一层能减少流动阻力的水膜。

（3）用作钻井液调整剂。在钻井液中，HPAM被广泛用作调整剂，其功能多样：一方面，它能够有效地调节流变性，携带岩屑，润滑钻头，减少流体损失等；另一方面，钻井泥浆相对密度较低，这不仅有助于减轻对油气层的压力和堵塞，还使得发现油气层变得更加容易，从而有利于钻进。据统计，使用HPAM的钻进速度比常规泥浆提高了19%，比机械钻速提高了约45%，同时减少了卡钻事故，减轻了设备磨损，并有效地防止了井漏和坍塌。

（4）用作压裂液添加剂。压裂工艺被广泛应用于开发致密层，以增加产量。在这个过程中，亚甲基聚丙烯酰胺的作用是开通岩石通道，促使油流过。其具有高黏度、低摩阻、良好的悬砂能力等特点，而且能够轻松配制压裂液，成本也相对较低。

（二）部分水解聚丙烯酰胺在油田中的应用

聚丙烯酰胺（PAM）是一种重要的石油化工产品，根据其电性质可分为阴离子型、阳离子型和非离子型三种。其中，水溶性阴离子聚丙烯酰胺

（HPAM）在聚合物驱过程中扮演着重要角色。其制备方法主要包括均聚和共聚两种。

均聚方法的步骤通常为丙烯→丙烯腈（PAN）→丙烯酰胺（AM）→无离子聚丙烯酰胺→阴离子型聚丙烯酰胺。在这个过程中，丙烯首先聚合成丙烯腈，再将丙烯腈水解为丙烯酰胺，最终形成阴离子型聚丙烯酰胺。而共聚方法则是将丙烯酰胺水解成丙烯酸，然后与丙烯酰胺进行共聚，得到阴离子型聚丙烯酰胺。这两种方法各有其适用场景和优劣势。均聚方法的优点在于制备工艺相对简单，反应条件温和，但产率较低。而共聚方法则可以提高产率，但需要注意控制反应条件以确保产品质量。

部分水解聚丙烯酰胺产品在市场上主要以三种形态存在：乳液、凝胶和固体粉末。乳液呈半固态，通常有效含量为5%～30%，具有一定的流动性和黏度。而凝胶则是一种分散状态的油包水乳状液，其有效含量为30%～50%，具有更高的黏度和凝聚性。相比之下，固体粉末则是通过聚合物干燥和研磨制成的颗粒状固体，其有效含量一般在85%以上，因此市场供应量最为充裕。在水中溶解后，部分水解聚丙烯酰胺会解离成带负电荷的大分子。由于静电排斥和阴离子排斥的作用，这些大分子在溶液中会相互伸展并缠绕，从而增加了溶液的黏度。在应用于聚合物驱过程中，其水解度通常需要控制在7%～40%，最佳范围为20%～30%。水解度过低会导致溶解性能差，初始黏度低，而水解度过高则会使初始黏度升高，同时也会降低其热稳定性，易与水中的Ca^{2+}、Mg^{2+}等离子作用形成沉淀，进一步影响其使用效果。

部分水解聚丙烯酰胺（HPAM）是性能优良的絮凝剂。高分子的絮凝作用主要是通过“架桥”作用实现的，因此要求高分子链具有吸附性基团（吸附黏土粒子），而且高分子链要呈伸展状态，以获得最大的絮凝能力，部分水解聚丙烯酰胺正好符合这种要求。分子链上的羧钠基（—COONa）使高分子链呈伸展状态，保证高分子链充分发挥“架桥”作用。链上的酰胺基（$—CONH_2$）可充分吸附黏土颗粒，以保证较高的絮凝能力。若高分子链上只有酰胺基，则高分子链倾向于卷曲，链的吸附作用不能充分发挥。若高分子链上只有羧钠基，则对黏土粒子没有吸附作用。所以控制 PAM 的水解度，调整酰胺基与羧钠基的比例可充分发挥 HPAM 的絮凝能力，一般认为 PAM 的水解度在 30% 左右时絮凝效果最好。

PAM 的水解度大于 80% 的部分水解聚丙烯酰胺具有较高的增黏效果，可使泥浆具有较强的携带钻屑的能力。此外，PAM 和 HPAM 可与 Al^{3+}、Fe^{3+} 和 Ca^{2+} 等离子发生交联，使高分子结构由线型变成体型（不溶于水），可堵塞地层中的孔隙，防止泥浆失水和污染油层。所以随着 PAM 水解度的增加，HPAM 将从絮凝剂变成降失水剂。

（三）酚醛树脂在油田中的应用

酚醛树脂由苯酚和甲醛通过缩聚反应生成，有热固性酚醛树脂和热塑性酚醛树脂之分。

1. 热固性酚醛树脂

（1）合成条件。苯酚和甲醛的摩尔比小于 1（如 0.85 ∶ 1）；在碱性催化剂（如氢氧化铵、氢氧化钠、氢氧化钡）作用下进行。

（2）主要化学性质。加热后，可变成不溶不熔的交联体型的酚醛树脂，因此，这种酚醛树脂叫作热固性酚醛树脂。热固性酚醛树脂具有液态状态，在热固之前可灵活注入地层，随后固化成不溶不熔的状态。在采油过程中，其可用作封堵剂和胶结剂，提高地层稳定性。

热固反应可以通过催化剂加速进行，特别是酸性催化剂（如盐酸、草酸或可产生酸的盐氯化铵等），可显著加快热固性酚醛树脂的固化过程。因此，在油水井防砂中，利用酸性催化剂可以有效地促进热固性酚醛树脂的固化。

另外，热固性酚醛树脂的羟基都可与环氧乙烷作用，生成聚氧乙烯酚醛树脂，由于在酚醛树脂中加入亲水的聚氧乙烯基，因此产物的水溶性可以大大提高，而且由于具有支链结构，它对水有很好的增黏能力。

2. 热塑性酚醛树脂

（1）合成条件。苯酚和甲醛的摩尔比大于 1（如 1 ∶ 0.85）；在酸性催化剂（如盐酸、草酸）作用下进行。

（2）主要性质。这种酚醛树脂产品是固体，升温时固体逐渐软化，最后变成液体；冷却时液体逐渐硬化，最后变成固体。这种过程可以反复进行，因此叫热塑性酚醛树脂。

（3）应用。以苯酚、甲醛、氨水为原料按比例混合，经加热熬制成甲阶段树脂。将其挤入砂岩，在盐酸作用下凝固胶结疏松的砂岩。

热塑性酸醛树脂的配方为苯酚：甲醛：氨水 = 1 ： 1.2 ： 0.05（质量比）。

首先将甲醛、苯酚倒入池中混合搅拌均匀，然后加入氨水，加热（不能直接加热），搅拌至沸腾。熬至混浊点为 45 ~ 50℃时，通过水循环冷却到 40℃。待静止分层后除去水，下部棕红色黏稠物即为甲阶段酚醛树脂。常温下其黏度为 300cP。

其次，关于其综合评价可以归纳为：施工简单，适应性强，但成本高。

对高渗透率，中粗砂岩油层效果较好。当地层吸收能力较低时，应进行预处理，以提高地层的吸收能力，保证施工顺利进行。但在盐酸处理后，应增添隔离液，以防盐酸和树脂在管线中直接接触，造成管道堵塞。

石油开发用的三大系列化学剂，即功能型化学剂（如驱油剂、油井堵水剂、注水井调剖剂）、预防型化学剂（如防蜡剂、防垢剂）和消除型化学剂（如清蜡剂、除垢剂）都用到高分子及其溶液。高分子及其溶液的作用机理的研究正日益引起人们的重视，其研究成果必将为石油的开发打开新的局面。

（四）聚乙烯在油田中的应用

聚乙烯由乙烯聚合制得。根据聚合条件不同，可将聚乙烯分为低压聚乙烯和高压聚乙烯。低压聚乙烯是在 0.1 ~ 0.4MPa、70 ~ 100℃，用三乙基铝和四氯化钛作催化剂的条件下生成的。高压聚乙烯是在 120 ~ 200MPa，170 ~ 200℃及少量氧引发下生成的，由于在高温高压和氧引发下聚合，可在分子内或分子间发生氢转移而产生短支链（如甲基、乙基、丙基等），所以高压聚乙烯有较多的支链，而低压聚乙烯的支链不多。

由于高压聚乙烯含有许多支链，所以相对密度、硬度和熔点都比低压聚乙烯小。高压和低压聚乙烯都是白色固体，不溶于水，60℃以上可在柴油、煤油、苯、甲苯等溶剂中膨胀，然后溶解；有很好的绝缘性能。

聚乙烯的主要化学性质如下：

（1）对碱稳定。在常温下，聚乙烯与任何浓度的各种碱都不会发生化学反应。

（2）对酸稳定。在常温下，聚乙烯与任何浓度的盐酸、氢氟酸、硫酸等不反应，但不耐浓硝酸。

例如，“高分子聚乙烯内衬油管采用物理隔离原理，将高分子聚乙烯管加热后定型到普通油管内部，将抽油杆和油管内壁隔离开，因其自身具备高耐磨、抗腐蚀、耐高温、阻力小等特性，有效减轻抽油杆与油管内壁的磨损和腐蚀，提高油管和设备的使用寿命。”（柳桂永，2020）

第三章　油田钻井化学与采油技术

钻井液，即钻井泥浆，是油气钻井不可或缺的循环流体，能满足多种功能的需要。在油气钻井工程中，钻井液工艺技术占据重要地位，其合理应用能够实现健康、安全、快速、高效的钻井。正确使用钻井液技术，可保护油气层，提高油气产量，从而为钻井工程的成功实施提供关键保障。

水泥浆是固井作业中所采用的关键工作液。固井是一项通过向套管与井壁之间的环空注入水泥浆，使其上浮到一定高度的操作。注入的水泥浆在固化后形成水泥石，这种水泥石固结了井壁与套管，从而完成了固井过程。

注水井采油后几乎 65% ~ 70% 的原始石油储量仍留在油藏中，三次采油方法对于采出更多石油的重要性已被人们广泛重视。提高采收率方法除“热力法”外，如今广泛利用化学驱。所谓化学驱，其中包括碱水驱、表面活性剂驱等。“化学驱的功能和效用可降低表面张力，改变流变性、扩大波及面。在中远距离还可自动调整吸水剖面等。”总体可以改变递减油藏的下滑曲线，使其趋于平行或在下滑曲线的基础上有新的拐点上扬，可视为极大的成功。

第一节　钻井液与水泥浆化学

一、钻井液

（一）钻井液的功能

钻井液在钻井过程中扮演着关键角色。液体钻井液循环过程是一项复杂而精密的工程，它通过精心设计的系统，确保了钻井作业的顺利进行。起初，液体钻井液从地面管线、立柱和水龙进入钻杆，喷向井底，其主要功能在于携带岩屑返回地面，保持井底清洁。一旦液体钻井液与井底接触，其液体载体将岩屑带至地面，经过振动筛等固控设备的处理后，岩屑被除去，而液体钻井液则回流至钻井液池，实现循环使用。这一循环过程保持了井底的稳定压力，冷却和润滑钻头，清除岩屑，以及传递钻井数据。

钻井液有下列功能：

1. 冲洗井底

冲洗井底的目的是利用高速喷射的钻井液来清除井底岩屑，以保持井底的清洁状态。清洁的井底可以有效减少岩屑堆积，降低井底摩擦力，提高钻进效率。

2. 携带和悬浮岩屑

钻井液的功能主要包括清洁井眼、携带钻头破碎岩屑至地面、维持井底清洁、确保安全快速钻进以及避免重复切削。这一过程有助于提高钻井作业的效率和安全性。当钻井液停止循环时，悬浮的钻屑会在环空中停留，这一举措的目的在于防止沉砂卡钻，从而保障钻井作业的顺利进行。

3. 冷却和润滑作用

钻头在高温下旋转破碎岩层时产生大量热量，同时钻具与井壁摩擦也会产生额外热量。然而，钻井液的循环可以及时带走这些热量，有效冷却钻头和钻具，延长它们的使用寿命。此外，钻头和钻具在液体中旋转时，降低了摩擦阻力，发挥了良好的润滑作用，使整个钻井过程更加顺畅。

4. 冷却与润滑钻头

钻井液通过有效散热减少了钻具与地层之间的摩擦所产生的热量，从而防止设备过热，维护了钻井操作的稳定性与安全性。它还承担着润滑功能，减少了钻具与地层之间的摩擦力，有效提高了钻进效率，使得钻井作业更加高效、顺畅。

5. 稳定井壁

液体钻井液的循环有利于形成滤饼，提供井壁支撑，减少井壁塌方的风险，控制井壁渗透。通过添加特定处理剂，液体钻井液在井壁上形成滤饼，这种滤饼能够提供稳定的井壁支撑，确保钻井作业的安全进行。

6. 悬浮岩屑和固体密度调整材料

在静止状态下，钻井液能够发挥悬浮作用，膨润土颗粒形成的结构使其能够悬浮岩屑，同时添加固体密度调整材料也能够实现材料的悬浮。这种悬浮作用不仅能够保持钻井液的稳定性，还能够确保在停止循环后容易重新启动钻进作业，保障了钻井操作的连续性和高效性。

7. 获取地层信息

通过钻井液携带出的岩屑，可以获取许多地层信息，如油气显示、地层物性等。

8. 传递功率

钻井液可通过它在钻头水眼处形成的高压射流，将钻井液泵的功率传至井底，提高钻头的破岩能力，加快钻井速度。若用涡轮钻具钻井，钻井液还可在高速流经涡轮叶片时将钻井液泵的功率传给涡轮，带动钻头，破碎岩石。

9. 保护油气层

钻井液在钻井过程中的作用目标主要是于防止和减少对油气层的损害。随着现代钻井技术的不断发展，对钻井液的技术要求不断提高，必须与油气层相配伍，以保护油气层的完整性。同时，钻井液还必须满足地质要求，确保其不影响地层测试和评价的准确性。安全环保是钻井液应遵循的另一重要原则，它不应对钻井人员及环境造成伤害和污染，并尽可能减轻对井下工具及地面装备的腐蚀。此外，经济性也是使用钻井液时需要考虑的重要因素。尽管钻井液的成本通常只占钻井总成本的 7% ~ 10%，但先进的钻井液技术可以节约钻时，从而大幅降低钻井成本，带来可观的经济效益。

（二）钻井液的组成

钻井液是一种复杂的混合物，主要由分散介质、分散相和钻井液处理剂构成。分散介质通常是水或油。

分散相可分为悬浮体、乳状液和泡沫。悬浮体包括黏土和 / 或固体密度调整材料，乳状液包括油或水，而泡沫则包含气体。

钻井液处理剂是用来调节钻井液性能的化学剂，可以分为无机和有机两类。无机处理剂包括无机酸、碱、盐和氧化物等，而有机处理剂则包括表面活性剂和高分子物质。若按用途分类，可分为 15 类，即钻井液 pH 控制剂、钻井液除钙剂、钻井液起泡剂、钻井液乳化剂、钻井液降黏剂、钻井液增黏剂、钻井液降滤失剂、钻井液絮凝剂、页岩抑制剂（又称防塌剂）、钻井液缓蚀剂、钻井液润滑剂、解卡剂、温度稳定剂、密度调整材料、堵漏材料。最后两类之所以称为材料，是因为它们的用量较大（一般超过 5%）。

（三）钻井液的类型

为了减少对油气层的损害，钻井液需要满足一系列严格的要求。为此，研发了多种类型的钻井液，以适应不同地质条件和井下环境的使用。

1. 水基钻井液

水基钻井液因低成本、简单配置处理、广泛的处理剂来源、多样的类型和易于控制的性能而备受青睐。在保护油气层方面，水基钻井液表现出色，因此在国内外钻井油气层中被广泛采用。此外，钻井液根据组分与使用范围的不同可以分为多种类型，从而满足不同钻井需求的要求。

（1）无固相清洁盐水钻井液。它不含任何膨润土或其他人工添加的固相成分。通过加入可溶性盐来调节密度，确保钻井过程中的稳定性。此外，它采用聚合物来控制滤失量和黏度，以降低对油气层的损害。同时，钻井液中的缓蚀剂可防止腐蚀，对油气层的影响也较小。其适用范围广泛，从套管下至油气层顶部，特别适用于裂缝性油层或强水敏油层，且适用于单一压力体系的油气层。

（2）水包油钻井液。其基本组成包括分散介质水和分散相油，不含固相。其密度可以通过调整油水比例和可溶性盐来实现。这种钻井液适用于低压、裂缝发育、易漏失的油气层，能有效地填充裂缝和孔隙，防止漏失。

（3）无膨润土暂堵型聚合物钻井液。其固相组成包括水相、聚合物和暂堵剂，密度可通过可溶性盐来调节。其采用低损害聚合物来控制流变性能，同时能够有效控制滤失量。这种钻井液适用于技术套管下至油气层顶部，单一压力系统的井。

（4）低膨润土聚合物钻井液。它的膨润土含量低于30g/L，通过选择聚合物和暂堵剂来控制流变性能和滤失性能。其适用于低压、低渗或碳酸盐裂缝性油气层，能够满足在这些条件下的钻井需求。

（5）改性钻井液。改性钻井液的目的在于减少对油气层的潜在损害，通过降低膨润土和无用固相含量、调整固相颗粒级配、根据油气层特性调整配方、选择适当暂堵剂并适量添加、降低滤失量等途径来实现。这种改性钻井液能够优化工作效果，保障钻井过程的顺利进行。

（6）甲酸盐钻井液。它具有高密度、低固相、低黏度、低腐蚀和低环境污染等特性。这种钻井液适用于对环境要求较高、需要高密度的钻井作业。其主要成分包括甲酸钠、甲酸钾、甲酸铯等。

（7）聚合醇（多聚醇）钻井液。利用聚合醇的浊点效应、抑制作用和其与盐的协同抑制作用保护油气层。

2. 油基钻井液

油基钻井液在钻井工程中以油作为连续相的特点，有效地避免了油层水敏作用，从而减少了对油气层的损害。这种液体不仅具备了钻井工程所需的各项性能，还能在一定程度上提高钻井效率。然而，高成本、环境污染以及火灾风险等因素限制了其在我国的广泛使用。此外，油基钻井液存在一些潜在问题，例如可能导致油层润湿反转、降低油相渗透率，甚至形成乳状液堵塞油层，同时固相颗粒的运移和侵入也是一个挑战。

3. 气体类流体（或钻井液）

在探索低压裂缝油气田、稠油油田、低压强水敏或易发生严重井漏的油气田及枯竭油气田时，研究表明油气层压力系数通常低于0.8。为了降低由于压差带来的损害，近平衡压力钻井或负压差钻井成为必要的选择。然而，传统的钻井液密度往往难以满足这些要求。因此，气体类流体成为解决方案之一，因低密度的特性而备受关注。这些气体类流体可分为四种类型：

（1）空气：通常含有防腐剂和干燥剂，以确保在钻井过程中不会产生腐蚀或结露等问题。

（2）雾：是空气、发泡剂、防腐剂及少量水的混合物，其密度较低且与发泡剂的种类和浓度密切相关。

（3）泡沫流体：主要由气体、水、发泡剂和稳泡剂构成，形成密集细小的气泡，这种泡沫能够有效地减小密度并具有较好的孔隙清洁效果。

（4）充气钻井液：以气体作为分散相，以液体作为连续相，并加入稳定剂，以保持体系的稳定性。

4. 合成基钻井液

合成基钻井液的主要成分是人工合成或改性的有机物作为连续相，盐水作为分散相。在其配方中添加了乳化剂、降滤失剂、流型改进剂和加重剂等成分，例如酯类、醚类、聚 α－烯烃、醛酸醇、线性 α－烯烃、丙烯烃、线性石蜡、线性烷基苯等。这些添加剂赋予了合成基钻井液优异的性能表现，包括不与水混溶、不含有害的芳香族化合物、环烷烃化合物和噻吩化合物等。同时，其具有无毒、可生物降解、对环境无污染的优点，可以有效地满足环保要求。

合成基钻井液具有多个显著特点：润滑性良好，摩阻力小；携屑能力强，有利于保持井眼清洁；抑制性强，钻屑不易分散，有利于维持井眼规则，减少卡钻的风险；对井壁稳定有积极作用，降低了钻井作业的风险；同时，对油气层的损害程度较低，保护了地下资源；此外，合成基钻井液不含荧光物质，解决了测井和试油资料解释等问题。合成基钻井液适用于钻水平井和大位移井等需要高效清洁井眼的场合，但其成本较高，在选用时需要综合考虑成本与效益。

（四）钻井液的密度及其调整

单位体积钻井液的质量称为钻井液密度。它是根据平衡地层压力和地层构造应力的需要而调整的。合理的钻井液密度可以防止井涌、井喷或钻井液严重漏失，也可以控制井壁坍塌。

调整钻井液密度包括降低钻井液密度和提高钻井液密度。

可用加水、混油或充气的方法降低钻井液密度，因为水、油和气体的密度都低于钻井液密度；可用机械或（和）化学絮凝的方法清除钻井液中的无用固体，降低钻井液密度；也可用加入高密度材料的方法提高钻井液密度。

高密度的材料有两类：一类是高密度的不溶性矿物或矿石的粉末。这些粉末可悬浮在黏土矿物颗粒形成的空间结构中提高钻井液密度。由于重晶石来源广，成本低，所以它成为目前使用最多的高密度材料。另一类是高密度的水溶性盐。这些盐可溶于钻井液中提高钻井液密度。

在使用水溶性盐提高钻井液密度时要加入缓蚀剂，防止盐对钻具的腐蚀。同时，要注意盐从钻井液中的析出温度。在低密度情况下，盐水温度降至一定程度会析出冰，此时的温度称为盐水的冰点。增加盐水密度将降低盐水冰点。然而，在高密度情况下，盐水温度下降到一定程度会析出盐而非冰，这一温度称为析盐温度，随着盐水密度的增加，盐水的析盐温度陡然上升。因此，在使用水溶性盐做高密度材料时，必须确保钻井液的使用温度高于该密度下的析盐温度，以防止盐析出，影响钻井液的性能。为了应对析盐对钻井液性能的不利影响，可以将盐结晶抑制剂添加到钻井液中。

可用的盐结晶抑制剂是氨基多羧酸盐。氨基多羧酸盐溶于钻井液后，即通过离子交换转变为相应的盐（如高密度材料为钙盐时即转变为钙盐），可选择性地吸附在刚析出的盐晶表面，使它发生畸变，不利于盐继续在其表面析出，起到控制析盐作用。

（五）钻井液配浆原材料

1. 黏土类

膨润土在水基钻井液中扮演着关键角色。膨润土被定义为含有蒙脱石不少于 85% 的黏土矿物。其在钻井液中的配制至关重要，据统计，1 吨膨润土可调配出黏度为 15mPa · s 的钻井液 16m^3。在选择膨润土时，需要考虑钠膨润土和钙膨润土之间的差异。相较于钙膨润土，钠膨润土具有较高的造浆率，因此通常需要将钙膨润土转化为钠膨润土以获得更好的性能。

在中国，膨润土按照质量分为不同级别。一级膨润土符合 API 标准，主要是钠膨润土；二级膨润土为改性土，符合 OCMA 标准；而三级膨润土主要用于性能要求不高的钻井液。

在钻井液的使用中，淡水和盐水中膨润土的水化分散特性也是需要考虑的因素。盐水中的造浆率较低，因此需要在淡水中预先进行预水化。

膨润土在淡水钻井液中能够有效增加钻井液的黏度和切力。这种特性有助于减少井眼的塌陷和泥浆的泄漏，从而维持井眼的稳定性和安全性。膨润土还能形成致密的泥饼，从而降低滤失量，并改善井眼稳定性，预防井漏的发生。

在抗盐、耐高温的环境下，黏土矿物如海泡石、凹凸棒石和坡缕石显得尤为重要。这些黏土矿物主要应用于盐水和饱和盐水钻井液中，其中海泡石不仅具有良好的造浆能力，还展现出卓越的热稳定性。

除了传统的膨润土，有机土也在钻井液中发挥着独特的作用。有机土是通过膨润土与季铵盐类阳离子表面活性剂相互作用制备而成的。它可以在油中分散，起到提高黏度和悬浮重晶石的作用，同时增强油包水乳状液的稳定性，扮演固体乳化剂的角色。

常见的季铵盐包括十二烷基三甲基溴化铵和十二烷基二甲基苄基氯化铵等。这些季铵盐与膨润土的结合是制备有机土的重要方法之一。通过这些方法和材料，水基钻井液得以在不同条件下保持稳定性和高效性。

2. 加重材料

加重材料是通过研磨处理不溶于水的惰性物质而成。它被添加到钻井液中，旨在增加其密度，以对抗高压地层和保持井壁稳定。这些材料必须具备一系列条件：自身密度高；磨损性小；易于粉碎。作为惰性物质，加重剂不会溶解于钻井液，也不会与其他组分发生相互作用，能确保钻井液的稳定性和性能。

3. 配浆水

钻井液在石油钻井中扮演着至关重要的角色，其性能和配方的合理性直接影响整个钻井过程的顺利进行。其中，水作为钻井液的基本组分，在不同类型的液体中发挥不同的作用。在水基钻井液中，水充当分散介质的角色，有助于稳定钻井液的体系；而在油包水乳化钻井液中，水则扮演分散相的角色，与油相形成乳化体系，从而维持钻井液的稳定性；而在泡沫钻井流体中，水则是连续相，通过泡沫的形成，降低了密度，减轻了井下压力，提高了钻井液的效率。

然而，钻井液的性能除了依赖于水的类型外，也与水质的优劣密切相关。不合格的水中可能含有各种杂质，如无机盐、细菌以及气体，这些杂质会直接影响钻井液的性能表现。因此，若使用不合格的水，必须对其进行处理，以确保钻井液的稳定性和性能。

在油基钻井液中，水相通常采用含有 $CaCl_2$ 或 NaCl 的盐水。这是因为盐水能够控制水相的活度，从而维持井壁的稳定。然而，地层水不可避免地会进入钻井液中，因此在必要时需要补充基油，以保持性能的稳定。对于全油基钻井液而言，一般可容纳 3% ~ 5% 的水而无须清除，这一方面能够降低成本，另一方面也确保了钻井液的性能不受影响。

4. 油

钻井液的组成在勘探和开发油气资源中至关重要。在钻井液中使用原油、柴油和低毒矿物油也是常见的做法。这些油类物质在油基钻井液中通常作为连续相存在，而在水基钻井液中则常混入原油或柴油，以改善润滑性能和降低滤失量。在使用这些油类物质时，需要注意一些关键问题。首先，必须控制油品的黏度，黏度过高会影响钻井液的流变性能。其次，在选择油品时，必须考虑价格和环境影响，以确保经济性和可持续性。此外，需要特别考虑原油的特性，比如其荧光度对油气显示有重要影响，同时也需要关注凝固点、石蜡和沥青质含量等因素，以免对油气层造成不良影响。

（六）保护油气层的钻井液技术

钻井液对储层的损害表现在以下两方面：

第一，钻井液固相的损害。钻井液中所含的各种悬浮物质（黏土、钻屑、加重材料和堵漏剂）都有可能对储层造成损害。在它们进入储层后，可能逐步地堵塞油气藏岩石孔隙，降低井眼附近地带的渗透率。一般情况下，此类损害仅限于井眼周围约 7.6cm 内，但最终的渗透率降低值可高达 90%。

第二，钻井液滤液的损害。在一定压差下，钻井液滤液会渗入储层，特别是在泥饼形成以前，滤液的渗入不可避免，如果钻井液滤失量太大，将会携带大量的固相颗粒进入储层，产生堵塞，造成损害。同时，进入储层的滤液与储层不配伍，则会引起黏土水化、膨胀、水锁，形成化学沉淀和胶体乳化等，从而导致油气层损害。

在钻井、完井、修井等作业过程中，保护好油气层是一项十分重要而又紧迫的任务。保护油气层对钻井液的要求：①钻井液密度可调；②钻井液中固相颗粒与油气层渗流通道匹配；③钻井液必须与油气层岩石相配伍；④钻井液滤液组分必须与油气层中的流体相配伍；⑤钻井液的组分与性能都能满足保护油气层的需要。

通过屏蔽暂堵技术，根据储层孔隙尺寸及其分布特点，调整钻井完井液中固相颗粒的粒级，以匹配储层。随后，利用净压差和循环流速，使固相颗粒在短时间内严重堵塞储层表面，导致渗透率急剧下降至极小值。这种方法有效防止了固相和液相继续侵入储层，同时为后续工作液对油气层的损害创造了良好条件。应用该项技术一般能在 10 ~ 30min内，在井壁附近 2 ~ 5cm 范围内形成一个渗透率极低的屏蔽暂堵环。在油井投产前，以射孔等工艺解除屏蔽环，恢复储层渗透率。

当架桥颗粒的直径等于孔隙平均直径的 2/3 时，桥堵效果最好，此时不再有微粒运移现象发生；而当架桥颗粒直径为孔隙平均直径的 1/3 时，形成的桥堵实质上是颗粒在地层孔喉处的堆积，这时仍有较严重的颗粒运移现象。如果钻井液中含有不少于 3% 粒径等于 2/3 孔径的架桥粒子，以及 2% 左右粒径等于1/4孔径的充填粒子和1%左右可变形的充填粒子，则可在井壁附近2 ~ 5cm范围内形成一个渗透率极低的屏蔽暂堵环，从而避免了更多固相颗粒和钻井液滤液进入储层内部。

（七）钻井液固控工艺

1. 常用的固控方法

钻井液固控除采用机械方法外，常用的还有稀释法和化学絮凝法。机械法固控处理时间短、效果好，并且成本较低。

（1）稀释法。其核心思想在于向循环系统中添加清水或其他稀释剂，直接稀释钻井液中的固相成分，或者使用性能符合要求的新浆替换一定体积的高固相含量的钻井液。这种方法适用于以下情况，例如无法通过机械方法清除有害固相，或是机械固控设备缺乏或故障。在进行稀释操作时，有几个关键的操作要点需要注意：

第一，稀释后钻井液总体积不宜过大，以避免影响后续作业。

第二，在加水稀释前进行部分旧浆的排放是必要的。

第三，一次性多量稀释比多次少量稀释费用更为经济。

（2）化学絮凝法。其原理在于，通过这种添加，微小的固相颗粒会聚集成较大的颗粒，这样做的目的是使这些固相颗粒更容易被后续的机械排除或沉积池去除。其作用机理主要在于将原本分散的固相颗粒聚结成较大的颗粒，从而补充机械固控方法的不足之处。化学絮凝法的应用范围广泛，尤其适用于不分散的钻井液体系，可以有效地控制总固相含量在4%以下。其主要适用场景是在需要清除钻井液中过量膨润土的情况，尤其是针对那些膨润土颗粒小于5μm、无法通过离心机清除的情况。通常，化学絮凝法的操作时机是在钻井液通过所有固控设备之后，这样可以确保其效果最佳。

2. 非加重钻井液的固相控制

非加重钻井液通常用于上部井段，因其井径较大，地层松软，机械钻速高，容易产生大量钻屑。为维持钻井液性能，确保正常钻进，需要定期清除钻屑。固控流程包括振动筛、旋流除砂器、旋流除泥器和离心机，按固相颗粒大小顺序清除。为确保处理效果，各固控设备的处理量不得小于钻井液泵最大排量的1.25倍。在选择设备时，需要考虑钻井液密度、固相类型与含量、流变性以及处理量等因素。在进入除砂器前，可以通过加水稀释的方法提高分离效率。通过固控设备处理后，适量补充化学处理剂、膨润土和水，对钻井液性能进行调整。

非加重钻井液达到固控要求与旋流器的合理使用密切相关。在快速钻进时，连续启动旋流除砂器和旋流除泥器至关重要。中途除泥或间歇式除泥会导致钻井液密度随井深增加。只有连续除泥才能维持钻井液密度相对稳定。

3. 加重钻井液的固相控制

（1）加重钻井液固控特点。加重钻井液中同时含有高密度的加重材料和低密度的膨润土及钻屑。在钻井工艺中，加重材料在钻井液中所占比例至关重要，对成本构成重要影响。然而，高含量的加重材料会降低钻井液对岩屑的容纳能力，特别是对膨润土的要求更高。在加重钻井液中，控制钻屑与膨润土的体积比至关重要，应保持在2∶1以下，远低于非加重液体的要求。清除钻屑对加重钻井液至关重要，但难度较大，因为必须同时避免加重材料的损失和降低钻屑含量。因此，针对加重钻井液的钻屑管理策略至关重要，需要综合考虑清除钻屑的难度、加重材料的损失以及钻屑含量的控制。有效的管理策略应综合考虑这些因素，以确保钻井过程的顺利进行并降低成本。加水稀释会造成加重钻井液性能恶性循环，不仅钻井液成本大幅度增加，而且常导致压差卡钻等复杂情况发生，加重钻井液固控不能采用单纯加水稀释的办法。

（2）加重钻井液固控流程。该流程的系统组成主要包括振动筛、清洁器和离心机，构成了三级固相控制系统。这些组件各自承担不同的功能，以确保固相颗粒的有效控制和分离。振动筛和清洁器的主要功能在于清除大于重晶石粒径的钻屑，特别适用于低密度（1.8g/cm^{3}以下）液体。通过适当稀释和添加降黏剂，清洁器能够在不借助离心机的情况下满足固相控制的要求，其清洁效果显著。然而，当钻井液的密度超过1.8g/cm^{3}时，清洁器的效果会减弱，此时需要借助离心机将重晶石颗粒分离出来。分离后的高密度液返回系统，而低密度液则被废弃。离心机的功能主要在于清除小于重晶石粉的钻屑颗粒，进一步提高固相控制的效率。此外，有时也会使用旋流除砂器来处理加重钻井液，但必须选择分离粒度大于 74μm 的大尺寸除砂器，以减轻清洁器的负担。

将离心机用于加重钻井液固控有两大优势。首先，离心机能够有效回收重晶石，这是一种重要的加重剂，其回收可大幅减少成本支出。其次，离心机可以清除微细钻屑颗粒，从而降低低密度固相含量，进而控制加重钻井液的黏度和切力，提高钻井操作的效率和安全性。然而，大约 3/4 的膨润土和处理剂以及一部分粒径很小的重晶石粉会随着钻屑细颗粒一起从离心机溢流口被丢弃，同时也会丢失相当一部分水，因此需要不断补充新浆，以维持正常钻进。

在钻井作业中，维护钻井液所需费用中，约 90% 用于处理固相控制或相关问题，其中重晶石费用占总材料费用的 75%。正确选择和使用固控设备及系统对于清除钻屑、减少钻井液及其配浆材料、处理剂的消耗至关重要，可获得显著经济效益。然而，若不当选配、使用和保养固控设备，则可能导致固控效果不佳，造成经济损失。

4. 钻井液固控系统

钻井液固控系统是钻井作业至关重要的组成部分，其定义为将各种常用固控设备及辅助设备按照固控流程组装在一起的综合固控装置，同时也是钻井液循环系统的主要组成部分。

这一系统主要由多个关键设备组成，包括泥浆罐、振动筛、真空除气器、旋流除砂清洁器、旋流除泥清洁器、搅拌器、离心机、钻井液枪、混合加重漏斗、砂泵、灌注泵、加重泵、剪切泵等。其特点在于结构紧凑、净化效率高、流程规范、连接配套方便、工作可靠、操作便捷等。这一系统能够满足钻井液固控、循环、灌注、配制、加重，药品剪切及特殊情况下的事故处理和储备等工作要求。

国外成功研制出一种“综合自控钻井液系统”，其包括固控设备自控监视器、钻井液处理剂自动加料器、主要钻井液指标连续监视器等部件。通过中心监视和综合控制系统进行调整监控操作，实现了固控设备的自动控制，包括开启运转、自动分析固相含量、自动添加钻井液处理剂、自动控制加药速度，以及自动连续测量并显示主要钻井液性能指标。这一系统不仅能提高作业效率，还能随时提供压井钻井液，节省了储罐及钻井液准备工作，从而降低了作业成本。

（八）钻井液的无害化处理

1. 高炉矿渣体系的固化机理

高炉矿渣体系的固化机理是：向水基废弃钻井液中加入具有水淬活性的高炉水淬矿渣（BFS）作为胶结材料，加入碱性物质作为激活剂，高炉矿渣在激活剂（碱金属、碱土金属的氧化物）的作用下，矿渣玻璃体表面的 Ca^{2+}、Mg^{2+} 与 OH^- 作用生成 $Ca(OH)_2$ 和 $Mg(OH)_2$，从而使矿渣玻璃体表面不断被破坏，促使矿渣进一步水化。在玻璃体内部的网络结构中，Ca—O 键和 Mg—O 键的强度小于 Si—O 键，因此在玻璃体表面受 OH^- 作用被破坏后，内部网络结构中的 Ca^{2+}、Mg^{2+} 便与 OH^- 发生反应，生成 $Ca(OH)_2$ 和 $Mg(OH)_2$，而激活剂中的 Na^+、K^+ 或其他离子便与 Ca^{2+}、Mg^{2+} 进行替换，连接在 Si—O 键或 Al—O 键上，这样导致矿渣玻璃体的网络结构不断破坏、分解和溶解，发生的反应使富钙相溶解，具体的反应式如下：

$$\equiv Si—O—Ca—O—Si\equiv +2NaOH \longrightarrow 2(\equiv Si—O—Na)+Ca(OH)_2 \quad (3\text{-}1)$$

在富钙相溶解后，矿渣玻璃体解体，富硅相暴露于碱性介质中，它与 NaOH 继续发生如下反应：

$$\equiv Si—O—Si\equiv +2(H—OH) \longrightarrow 2(\equiv Si—OH) \quad (3\text{-}2)$$

$$\equiv Si—OH+NaOH \longrightarrow \equiv Si—O—Na+H—OH \quad (3\text{-}3)$$

综上所述，矿渣在碱性体系中，初期的水化以富钙相的迅速水化和解体为主，并导致矿渣玻璃体迅速解体，其水化产物不断填充于原充水空间，而脱离原网络结构的富硅相则填充于富钙相水化产物的间隙中。随着富硅相水化反应的进行，水化产物不断填充原富钙相水化产物的间隙，使其水化产物结构不断变致密，使得固化体的强度不断增强。

与此同时，废弃钻井液中的各种离子，如 Na^+、K^+、Cr^{6+}、Pb^{2+}、Zn^{2+}、

Cu^{2+}、As^{3+} 等，有的直接参与矿渣的水化反应如 Na^{+}、K^{+}，有的被引入矿渣水化产物稳定的晶格之中，随其水化产物的固化而逐渐胶结在固化体中。同时，废弃钻井液中的钻屑或其他固相成分在矿渣水化产物的胶结作用下，与水化产物固结在一起，钻井液中的水相作为矿渣在钻井液中的分散介质，促使矿渣在废弃钻井液中迅速分散，在碱性的水溶液中发生水化作用。从固化机理的角度看，固化的关键有以下方面：

（1）在没有加分散剂的条件下，矿渣的加量不能过大，与废弃钻井液的重量体积比应小于 1，否则矿渣在钻井液中不能分散，因此也不能充分水化，固结性差，严重影响固化效果。

（2）因为矿渣只有在碱性条件下才能发生水化作用，因此，使废弃钻井液处于适宜的碱性条件是使矿渣充分解体、水化、溶解和固结的关键所在。

（3）促凝剂促凝机理就是增加富钙相和富硅相含量，从而增加富钙相和富硅相的反应浓度，促进反应的进行。因此，促凝剂应选择富含钙、含硅的化学物质。

2. GH−2A 高效还原粉固化处理技术

GH−2A 高效还原粉的主要成分是粉煤灰，其中还加入了磷石膏、生石灰和少量的促进固化的聚合物。

粉煤灰体系的固化机理是利用石膏（二水硫酸钙）与粉煤灰混合物形成的复合胶凝材料在激发剂的作用下发生水化硬化反应时将废泥浆中的水分吸收，而不溶物质则被胶凝形成具有一定强度的固结。粉煤灰是主要固化剂之一，含有大量的具有火山灰活性的物质：莫来石、石英、赤铁矿、磁矿石、碳粉和玻璃体等矿物。由此可以看出粉煤灰具有一定的惰性，但是其潜在的水化物质决定了在一定条件下它可以水化，参与胶结，具有同类水泥的性质。它的活性主要取决于 Al_2O_3 及 SiO_2 的含量，Fe_2O_3 起溶剂作用，促使玻璃体的形成，提高粉煤灰的活性。利用粉煤灰的低温水化活性，提高浆体的和易性，缓解钻井液中膨润土颗粒对水泥颗粒絮凝成团的破坏作用。

此外，粉煤灰越细，其活性发挥越好，从而与水泥水化产物 $Ca(OH)_2$ 起二次反应生成 O—Si 凝胶，不仅使混相中游离 $Ca(OH)_2$ 相对减少，而且使固化物越加密实，从而增大固化物后期强度。添加粉煤灰等材料还可以改善黏土类泥浆过大的塑性，而使固结拌和料便于压实和提高密实度。磷酸工业排放的废渣磷石膏中的二水硫酸钙无自硬性，但对粉煤灰水化起激发作用，同时粉煤灰消耗生石灰及水泥熟料硅酸三钙等水化形成的 $Ca(OH)_2$，同时提供反应物的沉淀场所，添加剂及粉煤灰起碱性激活作用；粉煤灰又促进了 CaO、SiO_2 的水化，促进钙矾石的形成。钻井废泥浆中所含硅质和铝质也将参与水化反应，而泥浆中的大量水分则在此过程中被吸收。

废泥浆固结体以钙矾石晶体为结构骨架，未水化的粉煤灰颗粒以及废泥浆中不溶性物质作为微集料填充于空隙中，使固结物结构内毛细孔隙“细化”，而水化硅酸钙凝胶及水化铝酸钙作为“黏结剂”，这是由于适量的二水硫酸钙在激发剂作用下可与粉煤灰发生完全的水化硬化反应，生成最多数量的钙矾石骨架物质，形成高抗压强度的固结物，从而有效固结废泥浆中的有害物质，故浸出液值较低；但当加入的二水硫酸钙过量时，未能参与反应的二水硫酸钙晶体存留在固结物中起微集料填充作用，当固结物浸渍时部分二水硫酸钙溶解，固结物的致密性和抗压强度均下降，有害物质渗出使得浸出液值增高。粉煤灰在水化体系中 2 天后含量开始减少，28 天后粉煤灰水化了 40%，这个过程伴随约有 5 个月的潜伏期。这也说明了其后期强度持续增长的原因。粉煤灰胶结料主要水化产物的形成一定要在适宜的碱度范围内，一方面，能够解离粉煤灰的玻璃体结构，使玻璃体中的 Ca^{2+}、Al^{3+}、AlO_4^{5-} 和 SiO_4^{4-} 等离子进入溶液，生成新的水化硅酸盐、水化铝酸钙；另一方面，可使得粉煤灰的活性在较长时间内获得充分激发，在低水化热条件下，得到较高的后期强度。

二、水泥浆化学

（一）水泥浆的功能

水泥浆的功能是固井。固井可以达到下列目的：

1. 固定和保护套管

套管必须通过固井作业固定，以确保井筒的稳定和安全。同时，套管外的水泥石可以减小地层对套管的挤压力，保护套管的完整性，有效防止管壁的腐蚀。

2. 封隔油、气、水层及严重漏失层和其他复杂层

为了达到封隔井眼内的油、气、水层的目的，钻井操作需要采取一系列措施。首先，对于处理严重漏失层，通常会采取降低钻井液密度和/或加堵漏材料的方法来减缓或阻止漏失。随后，在钻完严重漏失层后，必须下套管固井，以将漏失层封隔起来，确保后续钻井工作不受影响。而对于其他复杂层，如易坍塌地层，一种常见的处理方法是在钻完该层后采用下套管固井的方法，以加强井壁支撑并防止坍塌发生。通过这些措施，可以有效应对不同类型的地层复杂情况，确保钻井工作的顺利进行。

3. 保护高压油气层

为了保护高压油气层并预防可能的井喷事故，钻井液的密度需要得到平衡，以抵消地层的压力。完成钻井后，必须及时下套管固井，以确保高压油气层得到有效保护。

（二）水泥浆的组成

水泥浆由水、油井水泥、外加剂和外掺料组成。

1. 水

配制水泥浆的水可以是淡水或盐水（包括海水）。

2. 油井水泥

油井水泥是波特兰水泥（也就是硅酸盐水泥）的一种。对油井水泥的基本要求如下：

（1）水泥能配成流动性良好的水泥浆，这种性能应在从配制开始到注入套管被顶替到环形空间的一段时间里始终保持。

（2）水泥浆应在井下的温度及压力条件下保持稳定。

（3）水泥浆应在规定的时间内凝固并达到一定的强度。

（4）水泥浆应能和外加剂相配合，可调节各种性能。

（5）形成的水泥石应有很低的渗透性能等。

根据上述基本要求从硅酸盐水泥中特殊加工而成的适用于油、气井固井专用的水泥就称为油井水泥。

3. 外加剂与外掺料

水泥浆性能调节是通过添加特殊物质来实现的，这些物质按加入量分为外加剂和外掺料两种类型。外加剂的添加量通常小于或等于水泥质量的5%，而外掺料的添加量则超过这一比例。

根据这些物质在水泥浆中的功能和作用，可分为七类：促凝剂、缓凝剂、减阻剂、降滤失剂、膨胀剂、密度调整外掺料和防漏外掺料。

（三）水泥浆的密度及其调整

水泥浆密度是一个重要参数，它是影响水泥浆物理性能的基本因素。水泥浆密度主要由水、水泥、外加剂和外掺料比例控制。一般来说，含水量越小，密度越大。

由水灰比制约的纯水泥浆密度，因受最佳用水量的限制，只能在 1.78 ~ 1.97g/cm^3 范围内变化，这远不能满足注水泥施工的要求。所以，还要加外加剂或外掺料，使其密度在更大的范围内变化。作领浆使用的加减轻剂的低密度水泥浆，其密度变化范围是 0.72 ~ 1.80g/cm^3，这将在充填水泥浆一节中讲述。本节只讲密度在 1.78 ~ 2.68g/cm^3 范围内变化的标准水泥浆和高密度水泥浆。化验室工程师应对水、水泥、加重剂、外掺料和外加剂进行配方设计，使按该配方在现场配制的水泥浆密度达到注水泥施工的要求。

（1）减少水灰比，加入分散剂，提高流动性，使水泥浆在减少水灰比的情况下达到正常用水量的 11Bc 稠度或可泵性。该方法能达到的极限密度是 2.1g/cm^3 左右。

（2）配成不同浓度的食盐水溶液，用该溶液作配浆水。该方法即使用饱和食盐水也只能使水泥浆密度达到 2.10g/cm^3 左右。

（3）加重剂的加量不能过大，否则影响胶结强度，一般不超过 40%（BWOC），即使如此，也使强度降低。

上述增加水泥浆密度的方法可以配合使用，如掺入加重剂之后，再加分散剂，或使用饱和食盐水。

（四）水泥浆的稳定性

人们应高度重视水泥浆的稳定性。已经证明，许多水泥浆由于配方设计不合理，稳定性差，产生沉降，析出自由水。其中包括：含有降失水剂、分散剂和缓凝剂的水泥浆；多种外加剂和外掺料配合使用的水泥浆；为紊流和平衡固井而专门设计的水泥浆。在钻井工程中，使用不稳定的水泥浆可能导致沉降和游离水析出，尤其是在大斜度井和水平井中更易发生。这种情况下，高边可能形成游离水连通窜槽，而低边可能产生水泥颗粒沉降窜槽。提高其稳定性，防止固相沉降和自由水析出，确保水泥颗粒能够均匀悬浮直至固化，是实验室工程师的主要任务。

1. 稳定的重要性

在油气井注水泥过程中，当水泥浆上返至井壁和套管外环空时，水泥颗粒容易沉积到底部。这种沉积导致颗粒聚集和桥塞的形成，在套管不居中的窄边和接头位置更显著。在桥塞下形成的水槽和水带可能不含水泥颗粒，导致自由液聚集。由于自由液槽或带中的水泥含量较低，固化后形成的水泥石柱不连续且整体性差。这种水泥柱在加压时易破碎。

就水平井和大斜度井而言，稳定的水泥浆具有良好的顶替效率，这可以减少一次注水泥过程中由于水泥浆绕流钻井液而产生窜槽，注水泥后，在水泥浆仍处于液态时，因静止而产生的过量液体是以游离液的形式析出的，这对大斜度井和水平井特别有害。它们沿着环空高边聚集，形成低密度液体连通，而在低边又会形成松散的水泥颗粒沉积，照样不与井壁胶结，引起层间窜流和气体运移。因此，减少或消除游离水和水泥颗粒沉降，就可以增加水平井的整体性和长期稳定性，有助于延长开采寿命。

总之，必须精心设计水泥浆配方，特别是用于生产层、测试层、水平井、大斜度井和高压气井的水泥浆配方，一定要保证水泥浆的稳定性，严禁过量的游离水产生。对于含有加重剂的水泥浆，更要慎重。

2. 沉降和游离水

水泥浆是悬浮在水中的高度浓缩的水泥颗粒聚集体。任何水泥浆的配方设计都必须保持水泥颗粒的均匀悬浮，直至完全固化。在稀悬浮液中，固体颗粒的沉降遵循 Stokes 定律，单个颗粒的沉降速度由它的大小和密度决定。在稠悬浮液中，例如水灰比为 44% 的 G 级水泥浆中，固体颗粒通常以受阻的方式沉降，不论颗粒大小如何，均以相同的速度沉降，因此，颗粒之间的相对位置保持不变。

在受阻沉降过程中，大多数颗粒的沉降速度远远低于单个颗粒在稀悬浮液中的沉降速度。“受阻沉降”是指，颗粒之间的黏结作用将水泥颗粒黏结在一起，并使它们在沉降过程中的相对位置保持不变。

沉降速度降低是颗粒浓度高以及颗粒之间黏结综合作用的结果。当水泥颗粒沉降时，这种综合作用阻碍了自由水向上移动。即使有少量的水向上流动，也只是在水泥浆顶部产生的一层清澈的自由水。

对于单一的水泥浆，或者说，纯水泥浆，就是只含水泥和水的水泥浆，可观察到这种现象。测量水泥浆顶部清澈的自由水含量，就可以衡量水泥浆的相对稳定性。自由水越多，水泥浆的稳定性越差。

含有降失水剂、分散剂或缓凝剂以及同时含有这三种外加剂的水泥浆，能够减小使颗粒的相对位置在沉降过程中保持不变的黏结力。黏结力下降通常伴随着低剪切流变性、屈服值和胶凝强度的下降。在某些情况下，这种效应导致水泥颗粒的沉降不同，即较大颗粒下降速度快，而较小颗粒留在水泥浆的上部。这种现象称为差异沉降。

3. 提高水泥浆稳定性的方法

提高水泥浆稳定性就是要降低游离水含量和沉降量，主要方法是增加水泥浆的黏度和胶凝强度。

（1）增加水泥浆的黏度。增加水泥浆黏度的方法包括增加水泥、减轻剂或加重剂等固相颗粒的细度、减少水灰比等；也可加入悬浮剂或增黏剂，诸如纤维素、聚酰胺等。加悬浮剂或缩小颗粒粒度而增加黏度的缺点是随温度的升高黏度降低得快，特别是加有悬浮剂的水泥浆更甚，当然也增加了水泥浆稠度，降低了顶替效率，会影响固井质量。因此，一般不用增黏的方法降低水泥浆游离水含量，提高水泥浆的稳定性。

（2）水泥浆的胶凝强度是指在静置条件下，使其产生流动所需的最小外力，通常不超过48Pa（20min）。然而，如果胶凝强度过大，将会产生一系列问题，如停泵后再开泵难以循环，可能导致蹩泵，进而增加施工风险。与钻井液相比，水泥浆具有明显的区别。水泥浆的胶凝强度随着静置时间的增加而逐渐增强，形成网状结构，而钻井液的静切力达到平衡值后基本保持不变。针对提高水泥浆的静切力，可采取多种方法。例如，可以加入三氯化铝、三氯化铁和硫酸铝等物质，以增加水泥浆的静切力，从而有效解决胶凝强度过大的问题，提高施工的顺畅性和安全性。

（五）水泥浆中使用的化学剂

1. 隔离液

在注水泥施工中，关键点之一是先向井筒中泵入隔离液，以取代泥浆，确保泥浆和水泥浆隔离。接着，必须避免隔离液与泥浆、水泥浆接触时形成高黏度相，以保持良好的流变性。大多数隔离液含有增黏聚合物，有助于维持其流变性。此外，隔离液的密度通常介于泥浆和水泥浆之间，以有效实现隔离功能。这些步骤确保了注水泥施工的顺利进行。

2. 水泥浆密度调节剂

水泥浆密度调节剂有减轻剂和加重剂。

常用的减轻剂有：膨润土、粉煤灰、珍珠岩、地沥青、漂珠、硅灰、玻璃微珠、乳化水泥、泡沫水泥等。常用的加重剂有：重晶石、钛铁矿、赤铁矿等。

3. 水泥防腐剂

当使用CO_2驱油技术或地层水具有较强腐蚀性时，水泥浆中要使用防腐剂，如环氧树脂、飞灰、硅灰等。

4. 其他化学剂

其他化学剂包括水泥浆分散剂、缓凝剂、降失水剂和特种水泥外加剂等。

（六）保护油气层的固井水泥浆

1. 水泥浆对油气层的损害因素

在固井作业中，关键点在于水泥浆受到有效液柱压力与油气层孔隙压力之间的压差作用。这一差异导致水泥浆通过井壁形成泥饼，进而渗入油气层，对其造成损害。水泥浆对油气层产生损害的原因如下：

（1）水泥浆中的固相颗粒可能对油气层造成损害，因为固井作业不可避免地要使用含有大量水泥浆颗粒的水泥浆。在水泥浆中，粒径为 5 ~ 30μm 的颗粒约占固相总量的15%，而多数砂岩油藏的孔隙直径大于水泥浆颗粒的粒径范围。这导致水泥浆颗粒可能进入地层，水化固结并堵塞孔隙或喉道，最终导致油气层永久损坏。

（2）水泥浆滤液与油气层岩石和流体作用而引起损害。一般来说，在固井作业中，水泥浆柱的压力要比钻井液柱大，所以井底压差高再加上水泥浆的滤失量比钻井液大数十倍，没有加入降失水剂的水泥浆 API 失水量可高达1500mL 以上。在实际渗透性地层中，水泥浆失水量通常比按 API 标准测得的失水量小 1/60 ~ 1/150。室内试验结果表明，尽管水泥浆失水量较小，但滤液仍对油气层造成损害。这是因为水泥与水发生水化反应时，滤液中会形成大量的 Ca^{2+}、Mg^{2+}、Fe^{3+}、OH^{-}、CO_3^{2-}、SO_4^{2-} 等离子。这些离子可能诱发碱敏矿物的分散运移，形成无机垢，导致滤液的水锁作用与乳化堵塞。此外，滤液中的表面活性物质可能导致岩石的润湿反转，上述作用可能共同对油气层造成损害。

（3）水泥浆在固井过程的水化过程中，大量的无机物离子被释放。在压差的作用下，这些含有大量离子的自由水进入地层形成水泥浆滤液。该滤液中含有多种离子，如 Ca^{2+}、Mg^{2+}、Fe^{3+}、OH^{-}、CO_3^{2-}、SO_4^{2-}。在静止状态下，这些离子以过饱和状态溶解在滤液中，并由高 pH 值维持稳定。然而，一旦进入地层，在特定条件下，这些离子会结晶析出或形成 $Ca(OH)_2$、$CaSO_4$、$CaCO_3$ 等沉淀物质。这些结晶物和沉淀物会堵塞孔道，降低油气层的渗透率，造成油气层损害。其污染深度将与水泥浆滤液污染深度接近。但针对这类问题的研究较少，有待进一步探讨。水泥浆对地层的损害与钻井液相比有如下特点：压差大、固相含量高、滤失时间短且滤失率高、滤液离子浓度高。此外，水泥浆污染处于钻井液污染之后，有内外泥饼，将大大限制水泥浆滤液和颗粒的污染程度。

2. 保护油气层的注水泥技术

衡量注水泥技术水平的主要标准是固井质量和减少对油气层的损害。要求注水泥施工后要形成一个完整的水泥环，使水泥与套管、水泥与井壁固结好，水泥胶结强度高，油气水层封隔好，不窜、不漏。注水泥还应满足各种类型油气藏的需要，将各种类型油气藏井固好并减少损害。

要达到以上要求，就必须提高注水泥技术，因此要在改善水泥浆性能，实行合理压差固井，提高水泥浆顶替效率以及防止水泥浆失重引起的气窜等方面做好工作。

改善水泥浆性能要将国产油井水泥逐步向 API 油井水泥过渡，推广使用 API 水泥，还要推广使用油井水泥外加剂。

（1）API 油井水泥。API 油井水泥标准，按适应井深范围划分等级，根据 C_3A 的含量分为普通型（O）、中抗硫酸盐型（MSR）及高抗硫酸盐型（HSR）三种型号。

API 油井水泥系列大致由以下水泥构成：

一类是基本水泥，如 G、H 级水泥，其突出优势体现在多个方面。首先，严格控制的化学成分及矿物组成确保了产品的纯净品质。其次，经过多级均化处理，产品质地均匀，质量可靠。再次，G（HSR）油井水泥采用了严格的烧成工艺和粉磨工艺，确保了产品的稳定性和优良性能。施工过程中，其稠化曲线平稳，稠化时间、强度、流变性、密度、游离水等性能指标均达到高标准，有利于注水泥施工的进行。此外，它与各种有机、无机外加剂有良好的配伍性，进一步提升了其施工的灵活性和可操作性。最后，G（HSR）油井水泥在体积收缩和抗腐蚀性方面也有显著改善，为注水泥工艺提供了更可靠的保障。

另一类属于其他规格的水泥，如 A、B、C 级为浅井水泥，适用于井深为 0 ~ 1830 米的范围。其原材料主要包括 ASTMC150、TYPE-I、Ⅱ硅酸盐、Ⅲ硅酸盐水泥。起源于早期油田固井所使用的 API 油井水泥标准，至今仍在广泛使用。

D、E 级为中深井油井水泥，早期称为缓凝水泥。相较于 G、H 级水泥，其制造方法及矿物组成较为简单。通常是在基本油井水泥中添加缓凝剂而成。而目前，大多数获得API认可的油井水泥厂家已不再生产D、E、F级油井水泥。

J级为高温深井水泥，适用于井深为3660 ~ 4880米的范围。其特性在于无须外加剂即可用于高温深井固井，但若配合外加剂，可适用于更高温度的井深。这些水泥种类及级别的划分和应用范围，体现了在不同井深和工况下的水泥需求，同时也反映了油田固井技术的发展与变迁。

（2）油井水泥外加剂。由于浅层油气的大量开发，促使人们向深层、更复杂的地层去获得油气资源。因此，钻井遇到的情况越来越复杂，从而给固井带来越来越大的困难。例如，调整井固井，低压易漏失井固井，高压油气井固井，稠油井固井，穿越盐岩层、水敏性页岩层井固井，超深井固井及定向井和水平井固井等。为了保证固井质量和施工顺利，防止油气层损害，仅用油井水泥固井是难以胜任的。只有在油井水泥中添加各种外加剂、外掺料，改善、改变油井水泥的性能，使其符合特定井的要求，才能达到提高固井质量和保护油气层的目的。

第二节　聚合物驱与活性剂驱

一、聚合物驱

“目前，我国已成为聚合物驱技术应用最广泛的国家，聚合物驱已形成综合配套技术，成为我国三次采油的主要技术。大庆油田、胜利油田、辽河油田、新疆油田、大港油田、河南油田和吉林油田等都先后实施了聚合物驱采油项目。”聚合物不属于表面活性剂，但是在油田使用的聚合物都是水溶性的并含有亲水基团和疏水烃链，从某种意义上可以将其看作高分子表面活性剂；另外，表面活性剂驱油、三元复合驱油、微乳液驱油都离不开聚合物，为此还需作较全面的介绍。

（一）聚合物的驱油机理

聚合物通过增加注入水的黏度和降低油层的水相渗透率，而改善水油流度比、调整注入剖面而扩大波及体积，从而提高原油采收率。

1. 改善流度比

在达西定律中联系流体运动速度与压力梯度关系的比例系数叫流度（λ），它等于岩石对流体的有效渗透率与液体的黏度的比值，即：

$$\lambda = K / \mu$$

在水驱中，将水与油的流度 i 比称为流度比，即：

$$\text{流度比}（M）= \frac{\lambda_W}{\lambda_O} = \frac{(K_W / \mu_W)}{(K_O / \mu_O)} = \frac{(K_W \mu_O)}{(K_O \mu_W)}$$

式中：W 表示水相；O 表示油相。

流度比反映了油层中驱替相和被驱替相的相对流动速度。即使在均质的油层和多孔介质中，当流度比大于 1 时，也会发生黏性指进，从而降低了波及系数。流度比越大，波及效率越低。因此，不利流度比是水驱油波及系数低的关键因素，降低流度比就是为了提高波及系数。

2. 调整吸水剖面

聚合物溶液用于调剖，同样是利用聚合物溶液的高黏度。舌进在降低波及系数中扮演着重要角色。高渗透层的油水前缘到达生产井后持续注水，结果大部分水无效地通过高渗透层，未能扩大波及面积。解决此问题需要增加高渗透层的阻力，减少其吸水指数，以提高低渗透层的吸水指数和波及面积。注聚合物溶液时，其主要进入高渗透层，同时溶液的高黏度增加了高渗透层的阻抗（$\frac{\mu}{K}$）。随着高渗透层阻抗的增加，调整注水，通过高的注入压差迫使水进入低渗透层，使得高低渗透层的吸水指数基本一致，从而实现调整剖面的目标。

调整吸水剖面的聚合物可以是阴离子型聚合物或阳离子—阴离子型聚合物。其作用机理如下：

（1）聚合物能有效降低多孔介质中水相的渗透率，降低水分子通过孔隙的通透性。相比于对水相的影响，聚合物对油相流动性的影响相对较小。高渗透条带经阴离子型聚合物处理后，聚合物得以在岩石孔道中保留，有效降低了岩石中水的渗透作用，从而实现了调剖效果的提升。注入水将转移到相对致密的油层中，驱替未被驱替过的原油。阴离子型聚合物处理地层不是永久性的，其作用将随注水过程而逐渐消失；处理效果受地层水的矿化度、pH、温度等因素的影响。

（2）阳离子—阴离子型聚合物调整吸水剖面，这是对阴离子型聚合物调整吸水剖面的改进。阴离子型聚合物在一定电荷分布的岩石上吸附，容易因脱附而失去作用。若用阳离子型聚合物，则能为岩石大面积吸附。同时，阳离子型聚合物又能强烈地束缚离子聚合物，使调剖效果大大增强。

（3）对于高渗透带和裂缝，则可以采用聚合物交联的办法，使聚合物在地下交联成冻胶，以达到调剖的目的。

（二）聚合物驱在强化采油中的应用

1. 聚合物混合驱油体系

在现场施工中，单独使用某一种聚合物作驱油剂往往很难达到预期效果。为弥补聚合物性能在某些方面的缺陷，采用两种或多种经筛选聚合物复配体系作为驱油剂，可获得较好效果。例如，用高分子量部分水解聚丙烯酰胺和黄原胶配制的混合溶液具有良好的剪切稳定性、抗盐敏性和增稠能力，同时可以增强流度控制效果。

此外，作为流度控制剂，在现场施工中，亦可将两种聚合物先后依次注入地层。例如，可首先注入高分子量部分水解聚丙烯酰胺溶液段塞调剖，之后再注入高分子量的生物聚合物——黄原胶溶液段塞。两种聚合物溶液都是流度控制剂，前者着重于降低地层水相渗透率，而后者则着重于增稠。

2. 碱水—表面活性剂—聚合物联合驱油

该复合体系是目前化学驱油的新技术，其残余油采收率可达 72%。由于驱油效果好，经济合理而引起广泛的注意。

改进了的碱水驱是在碱水中添加表面活性剂，再用聚合物作保护段塞控制流度。其作用机理比较复杂，一般认为主要是碱与地层流体作用，生成一种物质，降低界面张力，影响毛管数，从而提高驱油效率。

复合驱体系的聚合物，作为调剖剂和流度控制剂，要求具有优良的热稳定性和盐容性。适用于复合驱的聚合物为某些特殊的共聚物或天然高分子的改性产物。

（三）提高聚合物驱油剂驱油效果的手段

1. 提高聚合物驱油剂的耐温抗盐性

聚合物驱油剂在提高原油采收率中扮演着关键角色。其主要作用包括增加水相黏度、降低水相渗透率，从而改善油水黏度比，最终提高采收率。研究表明，油水黏度比对采出液的含水率有显著影响。当油水黏度比较大时，含水率上升速度加快；当油水黏度比较小时，含水率上升速度减缓。

目前，主要应用的聚合物种类包括部分水解聚丙烯酰胺（HPAM）和黄原胶（XC），其中以 HPAM 为主。然而，这些聚合物存在一些问题，如 HPAM 的耐温抗盐性能不尽理想，而黄原胶在高温地层内会发生热氧化降解，且价格较高。

聚合物的耐温抗盐性能提升主要依赖丙烯酰胺或丙烯酸类聚合物。改性或共聚引入其他具有特殊功能的结构单元，利用分子间的特殊相互作用，如疏水缔和、氢键、库仑力、交联等，使聚合物在溶液中具有特定的分子结构与超分子结构，增黏能力和抗剪切性能大幅度提高，从而获得耐温抗盐性能良好的聚合物。提高聚合物分子主链的热稳定性，可以通过引入大侧基或刚性侧基实现。在高分子链上引入亲油基团和亲水基团也能改善其性能。另一种方法是与天然高分子接枝共聚，这样可以利用高分子链间的相互作用。此外，引入具有优良表面活性的功能基团也是一种有效的策略。

2. 优化聚合物驱油剂的相对分子质量

在油田开发中，聚合物的选择至关重要，其相对分子质量直接影响其性能。首先，高相对分子质量的聚合物通常具有较强的增黏性，能有效降低水相渗透率，但其易于发生机械降解，这是需要注意的一点。其次，若相对分子质量过高，可能会导致聚合物在油层中堵塞，造成油田开发的伤害；若相对分子质量过低，则增黏性较差，需要增加使用量，影响经济效果。高分子量聚合物相较于低分子量者，在驱油效果上更具优势。这是因为高分子量聚合物具有更高的增黏性和残余阻力系数，有利于扩大波及面积并改善流度比。在相同使用量的情况下，高相对分子质量聚合物比低相对分子质量聚合物更能提高采收率，因为低分子量聚合物需要更大的使用量。此外，相对分子质量的大小与价格无直接关系，选择高相对分子质量的聚合物可以提高经济效益。

3. 优化注聚合物速度

在油田注水开发中，关键点是水油流度比和油藏非均质。这两个因素是导致水驱波及面积小的主要原因之一。为了解决这一问题，聚合物驱被引入，其能够改善水油流度比，扩大波及面积。使用聚合物驱，不仅可以提高水驱效果，还能够提高原油采收率，从而增加可采储量。然而，聚合物的黏度受注入速度影响较大，注入速度越快，其黏度下降越大，直接影响其驱油效果。

4. 优化注入次序

聚合物在驱油过程中的效果受其相对分子质量影响。研究表明，相对分子质量较大的聚合物通常具有更好的驱油效果。这是因为高相对分子质量聚合物具有更大的分子量和链长，能够形成更稳定的聚合物体系，增强油水界面张力，从而提高驱油效率。此外，研究还指出，先注入高相对分子质量聚合物比先注入低相对分子质量聚合物效果更佳。减少高相对分子质量聚合物用量后，两种注入次序的驱油效果差别进一步增大，这表明高相对分子质量聚合物在驱油过程中扮演着重要角色，其选择和使用方法对提高驱油效率至关重要。

5. 优化注聚浓度参数

注聚合物制备是一个复杂的工艺过程，包括人工加干粉、初步搅拌、排液泵输送、熟化罐搅拌、倒罐泵倒罐、喂入泵喂入、计量泵加药和柱塞泵增压等步骤。保证注聚质量的关键在于确保聚合物的黏度，而这又取决于注聚浓度的稳定。影响聚合物浓度的因素多种多样，在工艺过程中需要对参数进行优化以保证注入浓度和黏度。优化后的参数确保了注聚质量的提高，为扩大波及面积、提高驱油效率奠定了基础。这种改进直接体现在注聚见效期提前、含水下降幅度增大以及增油有效期延长等方面，从而带来了显著的经济效益。

6. 提高注聚合物驱油剂后的原油采收率

聚合物驱后进行深部调剖、活性聚合物驱、表面活性剂驱、微生物驱等可进一步提高采收率。

二、活性剂驱

活性剂驱是一种用于采收油田的有效方法。将表面活性剂溶液注入油层，可以降低油水和油岩界面的张力，并改变岩石的润湿性。这一过程旨在提高油田的采收率，通过改善油藏的物理特性，使原本难以开采的油被有效地释放和收集，从而实现了更有效的油田开发与生产。

（一）活性水驱

活性水是指表面活性剂浓度低于临界胶束浓度的水溶液。其概念最早源于肥皂水清洗油污的观察。20 世纪 40 年代开始应用活性水，其在水驱油过程中的应用可以将采收率提高 5% ~ 15%，通常可达 7% 左右。活性水驱油提高采收率的机理如下：

1. 活性水可提高采收率

活性水比普通水洗油能力强，可以提高洗油效率，因而可提高采收率。活性水洗油的卓越功效源自其有效降低原油对岩石的黏附功。所谓黏附功即从固体表面拉开液滴所需的能量，而活性水洗油能显著减少这一能量需求。

因为活性剂可以降低油水界面张力，改变润湿性，所以可以进一步降低黏附功。黏附功的降低意味着油更易从岩石表面脱离，从而可提高采收率，使得资源开发更为高效。

2. 活性水能降低亲油油层的毛管阻力

在亲油油层中，毛管对水驱油起到阻力作用，这是毛管曲界面两侧压力差的结果。

当活性水取代普通水后，油水界面张力减小，岩石表面的润湿角增加，润湿性增强，从而减小了毛管阻力。这使活性水能够进入原先进不去的毛细管，提高了波及系数，从而提高了采收率。

3. 活性水可使油乳化

岩石上的油滴经洗刷后，可使用 HLB > 7 的亲水性活性剂将其乳化成 O/W 型乳状液。此液体在毛细管中形成叠加的液阻效应，增加高渗透层段的阻力，迫使水进入低渗透层段，提高波及系数，从而提高采收率。

活性剂的选择应考虑降低油水界面张力和润湿反转能力，乳化能力较好。

降低界面张力和润湿性强的活性剂结构最好是有分支的，HLB 值为 7 ~ 18 可作 O/W 乳化剂，非离子活性剂化学稳定性好，不受地层含盐的影响，吸附性也小，因此最好选择耐盐性较强的阴离子和非离子活性剂来配制活性水。

（二）微乳液驱

以水外相微乳液为例：当微乳液与油层接触时，由于它是水外相，可与水混溶，而它的胶束可以增溶油，所以也可与油混溶。因此，水外相微乳液与油层刚接触时的驱动属混相微乳液驱，因此具有很好的驱油效果。

（1）微乳液与水和油没有界面，没有界面就没有界面张力，毛管阻力就不存在，因此微乳液驱的波及系数比普通水高。

（2）微乳液能与油完全混溶，所以有很好的洗油效率。微乳液的洗油效率远高于普通水或活性水。

当微乳液进入油层并且油在微乳液胶束中增溶达到饱和时，微乳液与被驱动油之间产生界面。这时，混相微乳液驱就变为非混相驱。由于微乳液是表面活性剂的浓溶液，加之体系中还有助表面活性剂（调整水和油的性质）和电解质（调整表面活性剂的亲油亲水的平衡），所以界面张力可达超低数值或低的数值。在这种条件下，微乳液驱油机理与活性水相同，但是驱油效果远比活性水好。

当微乳液进一步进入油层，被驱动油进一步进入胶束之中，原来的胶束转化为油珠，水外相微乳液转化为水包油乳状液。乳状液也是一种驱油剂。

（三）泡沫驱

泡沫驱也是表面活性剂驱的一类，泡沫驱是以泡沫作驱油剂来提高采收率的一种方法。

1. 气阻效应的存在

气阻效应是指气泡通过地层中孔隙喉道的液流产生的阻力效应。当泡沫中的气泡通过直径比其小的孔喉时，会发生气阻效应。这种效应可以叠加，导致泡沫在通过地层时首先进入高渗透层段。随着气阻效应的叠加，泡沫的流动阻力逐渐提高。注入压力增加时，泡沫能够依次进入渗透性较小、流动阻力较大的层段，提高了波及系数。最终，泡沫能够进入原先不能进入的层段，从而提高了采收率。这一系列过程使得气阻效应成为提高油气采收率的重要机制之一，为油田开发提供了新的思路和技术手段。

2. 泡沫黏度大于水

在一定温度下，泡沫的黏度取决于分散介质的黏度和泡沫中气体体积与泡沫总体积的比值（该比值叫泡沫特征值）。当泡沫特征值超过一定数值时，泡沫的黏度就急剧增加。

分散介质黏度即起泡剂水溶液的黏度，与水的黏度相近。但当泡沫特征值为 0.90时，泡沫黏度约为水的 29 倍。

泡沫相比水具有更高的黏度和波及系数。水的黏度仅取决于相对移动液层的内摩擦，而泡沫的黏度除了受液层内摩擦的影响外，还受到分散相间碰撞的影响。因此，泡沫的黏度大于水。

此外，泡沫的波及系数也高于水，所以其在采收过程中具有更高的效率。这表明泡沫黏度高以及波及系数大的特性，是其采收率较高的主要原因。

3. 起泡剂本身是表面活性剂

因为起泡剂本身也是表面活性剂，所以活性水驱使采收率提高的作用，对泡沫驱来说同样存在。

第三节　碱性水驱与复合驱

一、碱性水驱

碱驱是一种潜在的低成本化学采油（EOR）方法。碱液注入油层与原油中的石油酸作用生成石油皂，形成价廉的天然表面活性剂。由于碱的价格便宜，因此在经济上更具有吸引力。这种表面活性剂可从不同方面影响油—盐水—岩石体系，如降低油水界面张力而自发乳化；或者被吸附到岩石界面，改变其润湿性。

（一）碱性水驱提高采收率的机理

1. 降低油水界面张力

碱水能与原油中的环烷酸反应，生成环烷酸类表面活性剂，使油水界面张力降低，有利于提高驱油效率。

2. 乳化作用

碱性水与原油中的有机酸生成的活性剂可使油乳化而提高采收率，有两个基本机理：

（1）乳化作用与携带驱替（简称乳化携带）。携带驱替过程是残余油被乳化，并带入流动的碱溶液中，油是以一种细微的乳状液被产出的。

（2）乳化作用与捕集驱替（简称乳化捕集）。捕集驱替是指乳化原油在多孔介质中再次被捕集，形成液阻效应，这一过程直接影响水的流动。当水流通过油藏时，捕集驱替迫使水进入尚未被驱替的孔隙，这种行为不仅提高了平面和体积扫油效率，还提高了波及系数。

3. 改变岩石的润湿性

NaOH 形成的环烷酸钠皂在岩石表面的吸附可导致原本亲水的油藏反转

为亲油的油藏。这种现象降低了油滴在固体表面的表面张力，使得油在固体表面散开，从而解除了孔隙喉道的堵塞。然而，当化学剂的高峰带通过了孔隙，润湿反转剂的浓度开始下降时，固体表面会恢复到原有的亲水条件。这种变化使得原本进入小孔道和裂隙中的油重新被固体表面捕集，从而提高了采收率。

4. 溶解硬质界面膜

在水驱油中，油水界面会形成硬质薄膜，原油中的沥青质、树脂难溶于油，会堵塞小孔道而影响驱油效果。原油中的卟啉金属络合物、醛、酮、酸、氮化物等都有可能形成薄膜，NaOH 可溶解这些薄膜，而使被堵塞的小孔解堵，提高波及系数，提高采收率。

根据碱性水驱油机理，主要由于 NaOH 与原油中的有机酸生成表面活性剂，因此原油中的酸值必须大于 0.2mg KOH/g 原油，酸值是中和 1 克原油所需的 KOH 毫克数，同时原油与 NaOH 溶液之间的界面张力必须低于 0.01mN/m，NaOH 浓度 0.05% ~ 0.5%（wt），pH=12.5。

（二）碱性水驱存在的问题及解决方法

碱水驱存在的主要问题是只能使用在比较低的浓度和很窄的浓度范围内，才能产生启动原油的超低界面张力。但是低浓度碱往往因与原油中石油酸和矿化水中二价离子发生化学反应被消耗而失效。若在高浓度强碱条件下，将与岩石矿物作用直到完全消耗，并引起结垢问题。如果选用 pH=10.5 的 Na_2CO_3，能有效降低界面张力满足驱油的要求，但是也会引起一些矿物溶解。若使用弱碱 $NaHCO_3$（pH=8.5），虽然与石油酸能进行反应，确实能产生界面活性物质，但是很难达到超低界面张力所需的物质量。

为了克服该难题，可以采取两种措施：一是应用 Nelson 提出活性图，并将少量表面活性剂加到碱液中，从相态中得到最佳碱体系；二是提出使用具有缓冲性中等强度的碱液。

1. 活性图

Nelson 等在一定原油、碱和外加表面活性剂的体系相态，得出最佳条件以及低于或高于最佳条件的直观区域，并了解添加外加表面活性剂时，可以在很宽的碱和盐浓度范围内观察到这种最佳状态。

如果给定一个油藏，原油组成、剩余油饱和度和温度基本不变，人们还可控制的变量有五个：碱的类型、碱的浓度、外加表面活性剂类型和浓度，以及含盐度。不能控制的变量是与碱接触时转化成皂的石油酸类型和数量。需要的外加表面活性剂类型、数量和含盐度的多少，都取决于驱替时就地产生石油皂的类型和数量。活性图就是用来描绘最大驱油活性区域，以及随外加表面活性剂浓度和含盐度变化的情况。

通常，活性图是描述在碱型及浓度、外加表面活性剂类型及浓度、油的类型和温度固定时，活性区域面积随石油皂浓度和含盐度变化的情况。碱浓度比石油酸转化为皂的所需浓度高，而石油皂的浓度可以由原油酸值和试管中油的质量计算出来。

2. 中等 pH 的缓冲碱

以往在进行碱驱时，经常使用单一强碱的某一个特定浓度，但是此时 pH 不一定是获得超低界面张力的最佳值。为了获得这个最佳 pH，碱浓度必然配得很低，但是这种碱液在油层中运移时由于碱耗而使浓度显著降低，很快离开最佳 pH，使界面张力大幅度上升，达不到驱油的要求。然而，如果使用碱的浓度太高，高离子强度将使瞬时界面张力提高，更主要的是对地层岩石产生溶解作用，形成结垢，堵塞地层毛细管。为此人们提出使用中等 pH 的缓冲碱。

（1）改变各种缓冲碱中组分的摩尔比，使碱液注入油藏得到期望的 pH 值，使得油水达到超低界面张力，并且原油能自发乳化。

（2）选择适当的相应的 pH 和离子强度，可以在较长的时间内保持超低的界面张力。外加少量表面活性剂也能延长超低界面张力的持续时间；在较宽 pH 范围内，即使在高离子强度下也能得到超低界面张力。

（3）在溶液中维持离子强度，其主要目的是使 $RCOO^-$ 的临界胶束浓度固定不变，以便比较其他因素对相态和界面张力的影响。

二、复合驱

复合驱是一种驱油操作，即将两种或两种以上的驱油成分组合在一起。这些成分包括化学驱中的主剂，如聚合物、碱和表面活性剂。不同的组合形式可以形成不同的复合驱，比如碱与聚合物的组合称为稠化碱驱或碱强化聚合物驱；表面活性剂与聚合物组合称为稠化表面活性剂驱或表面活性剂强化聚合物驱；碱（A）+ 表面活性剂（S）+ 聚合物（P）的驱动称为 ASP 三元复合驱。

（一）复合驱采油机理

聚合物采油作为常见的三次采油技术，已经在油田开发中发挥了重要作用。然而，随着油藏的进一步开发，传统的聚合物采油方法已经不能完全满足需求。在这种背景下，复合驱采油技术应运而生。复合驱采油的原理是利用化学剂协同效应，综合利用化学剂的优势，以提高地层流体流动性，并增加化学剂与原油接触面积，从而提升驱油效率和采收率。这一过程中，常常结合凝胶驱替和表面活性剂驱替两种方法，通过优化驱替液的组成，最大限度地提高采收率。

复合驱采油技术适用于非均质、含水率高、开发后期的油藏，尤其适用于油藏主体区域水驱波及程度高的情况。这种技术的应用范围广泛，能够有效改善油田开采效果。复合驱采油技术主要应用于驱替潜力大的油藏主体区域，旨在改善其在纵向上的驱替效果，从而提高原油的动用效果。通过合理的应用和改进，复合驱采油技术有望成为油田开采的重要手段，为提高原油采收率和油田开发效益发挥重要作用。

为了进一步提高复合驱采油的效果，需要采取一系列改善措施。一是通过扩大试验规模、增加化学剂用量、优化驱替配方等方法来提高驱替效率。二是调整调剖剂用量和黏度，以及控制作业压力和注入量，以确保施工的顺利进行。三是提前确定地层最高注入压力，可以降低施工难度，提高操作效率。四是调整驱油段塞的黏度，也是增加复合驱效果的重要手段。

（二）二元复合驱

这里所说的二元复合驱是指聚合物和表面活性剂组合而成的复合驱。

在油田开发中，使用二元复合驱相较于单一驱油方法具有更高的采收率。这是因为复合驱中的聚合物和表面活性剂之间存在协同效应。

聚合物在复合驱中发挥着多重作用：①改善了表面活性剂溶液对油的流动性，增强了洗油能力；②通过稠化驱油介质的方式，降低了表面活性剂的扩散速度，减少了损耗；③与钙、镁离子反应，形成保护膜，防止了低表面活性的钙、镁盐的生成；④提高了水包油乳状液的稳定性，从而提升了波及系数和洗油能力。

表面活性剂也发挥着关键作用：①降低了聚合物溶液与油之间的界面张力，进一步提高了洗油能力；②能使油乳化，增加了驱油介质的黏度，从而提高了油的驱出效率；③与聚合物形成络合结构，增强了聚合物的增黏能力，进一步提高了复合驱的效果。

（三）三元复合驱

1. 三元复合驱的机理

三元复合驱是在单一驱动和二元复合驱的基础上发展起来的，相对于这两者，三元复合驱具有更好的驱油效果，这得益于三种关键成分——聚合物、表面活性剂和碱的协同作用。

（1）聚合物的作用：①改善了表面活性剂和（或）碱溶液对油的流度比；②通过稠化驱油介质，减小表面活性剂和碱的扩散速率，从而降低了药品损耗；③与钙、镁离子反应，形成保护膜，防止了低表面活性的钙、镁盐的生成；④提高了水包油乳状液的稳定性，增强了波及系数和洗油能力。

（2）表面活性剂的作用：①降低了聚合物溶液与油的界面张力，具备洗油能力；②使油乳化，增加了驱油介质的黏度和乳状液的稠度；③与聚合物形成络合结构，提高了聚合物的增黏能力；④补充了碱与石油酸反应产生的表面活性剂不足。

（3）碱的作用：①提高了聚合物的稠化能力；②产生的表面活性剂将油乳化，提高了驱油介质的黏度，加强了聚合物控制流度的能力；③与合成的表面活性剂有协同效应；④与钙、镁离子反应或黏土进行离子交换，保护了聚合物与表面活性剂；⑤提高砂岩表面的负电性，减少了对聚合物和表面活性剂的吸附量；⑥提高生物聚合物的生物稳定性。

由于各成分相互作用，因此，复合体系的驱油效率高，化学剂消耗量少，成本降低。

2. 三元复合驱技术的特点

三元复合驱广泛适用于高酸值和低酸值原油。其协同作用可显著降低表面活性剂用量，碱、表面活性剂、聚合物相互配合，可减少昂贵的表面活性剂使用量。此外，低浓度表面活性剂已被证明能提高原油采收率，注入段塞表面活性剂在低浓度下即可实现。在矿场试验中具有以下特点：

（1）碱与表面活性剂的配合能降低油水界面的张力，从而提高驱油效率。这一作用机制使得原本难以分离的油水混合物变得更易被驱出。同时，添加聚合物能增加液体的黏度，改善驱替液的流动性，进而提高驱替液在油藏中的波及率。这种协同作用不仅提高了开采效率，还使得驱替过程更为顺畅。

（2）三元复合驱体系的经济可行性是其吸引人之处。通过合理的化学剂用量配比，三元复合驱体系能够降低化学剂的使用量，从而减少综合成本。这种经济性使得其在技术和经济上都具有可行性，成为被广泛采用的油藏开发技术。

（3）常用的碱有五种类型，不同类型的碱具有不同特点。强碱如 NaOH 和弱碱如 Na_2CO_3 在复合体系中表现出不同的乳化能力。相比之下，弱碱复合体系通常具有更强的乳化能力。

（4）用量复配的优势在于能够拓宽表面活性剂浓度和盐浓度的使用范围，从而适应各种不同的油藏环境。这种灵活性使得三元复合驱体系能够应对各种复杂的地质条件和油藏特征，提高了其在实际应用中的适用性和稳定性。

（5）广泛的应用性是三元复合驱体系的又一优势。它不仅适用于各种酸度值的原油，甚至对于接近零酸度值的原油体系也能有效发挥作用。这种广泛的适用性使得其在不同类型的油藏中都能够发挥作用，增加了其在油藏开发中的灵活性和实用性。

（6）虽然界面张力的降低能够提高驱油效率并降低含水量，但也可能引发乳化现象。然而，从总体来看，利大于弊。因为乳化现象虽然可能增加处理成本，但相较于提高的开采效率和降低的含水量，其影响相对较小。

第四节　油层的混相驱技术

所谓混相，就是指两种流体可以完全相互溶解。混相驱是以混相注入剂或混溶剂（Miscible Agent，在一定条件下能与原油混相的物质）作驱油剂的提高原油采收率的方法。混相驱与非混相驱的区别在于，混相驱的两相之间的界面张力为零，因而不存在明显的界面，也不存在毛细管压力，从而大大提高原油采收率。

一、混相驱的类型

（一）按混相方式进行分类

按混相方式的不同，混相驱可分为“一次接触混相”和“多次接触混相”（或“动态混相”）。

1. 一次接触混相

当某些注入流体与储层流体可以以任意比例直接与储层油混合，而且混合物为单相时，就属于一次接触混相。

2. 多次接触混相

注入流体与储层流体接触时形成两相，但在这两种流体组分间可进行组分间质量的交换，从而形成过渡带驱动相。过渡带流体组成在油和注入流体的组分范围内变化，因原油和注入流体在流动时重复接触形成组分质量转移而达到混相即为“多次接触混相”或“动态混相”。动态混相又可分为蒸发方式和凝析方式的动态混相。

（二）按使用气体方式进行分类

按照使用气体方式的不同，气体混相可以分为烃混相驱、CO_2 混相驱、惰性气体混相驱。要想使混相驱在指定的储层中成为有竞争力的方法，必须满足以下条件：①有足够数量的溶剂，即有充足的气源，并且价格便宜，可在经济上获利；②油藏必须能够提供溶剂与原油之间混相所要求的混相压力；③原油产量必须能大幅度增加，以提高采收率并获得经济效益。

1. 烃混相驱

烃混相驱分为高压干气混相驱、富气驱和液化石油气驱。烃类混相驱存在的问题是：烃类溶剂的黏度都比原油的小，使得烃类混相驱注入流体在地层中产生比水驱过程更为严重的窜流和重力分异作用，且其波及效率非常低，溶剂段塞容易破裂。溶剂段塞前缘的溶剂和原油之间存在混合作用，溶剂段塞后缘的溶剂和驱替气之间存在混合作用，而指进作用又加剧了这些混合作用，迅速地将非常小的溶剂段塞（只有百分之几孔隙体积）稀释，使其丧失混相能力。尽管如此，烃类混相驱及烟道气驱项目仍然在经济上获得了显著成功。在一些驱替项目中，原油采收率高达 60%。

2.CO_2 混相驱

CO_2 混相驱包括蒸发和凝析两种质量交换方式，应用较为广泛。在一定条件下，与原油多次接触后，溶于原油，使原油体积膨胀、黏度降低，达到混相，从而改变油流特性。其混相能力高于甲烷。高压下，CO_2 的密度远高于天然气的密度，有利于减缓驱替过程中的重力推进现象。同时，CO_2 在水中是弱酸，对岩石有酸化作用，能改变岩石的渗透性。而且 CO_2 价格低廉，比天然气有优越性，因此它是一种多用途的注入气体。CO_2 混相驱对开采多盐丘油藏，水驱效果差的低渗透油藏，接近开采经济极限的深层轻质油藏，以及水驱完全枯竭的砂岩油藏中的残余油等有重要意义。

在应用 CO_2 驱油时，除混相驱外，近年来又大量应用 CO_2 非混相驱、碳酸水驱和 CO_2 吞吐，其作用机理主要是 CO_2 溶于油后降低原油黏度，促使原油体积膨胀并发生溶解气驱作用。CO_2 非混相驱可以用来恢复枯竭油藏的压力，开采高倾角、垂向渗透率高的油藏，改善重油流度以及开采高黏原油等。

美国的三次采油技术主要发展的是 CO_2 混相驱，因为在美国中南部有多个巨型或大型 CO_2 气田，已建成 CO_2 输气管线。因此，CO_2 便宜、供应充足，而且其油田具备较低混相压力条件。CO_2 混相驱现已成为美国三次采油最主要的方法。采用 CO_2 混相驱的国家除美国外，还有俄罗斯、匈牙利、加拿大、法国和德国等。

我国 CO_2 和天然气探明资源不足，而且大多数油藏的混相压力高，不具备混相驱条件。因此，我国三次采油主要发展的是化学驱。

3. 惰性气体混相驱

惰性气体混相驱又可以分为烟道气混相驱和氮气混相驱。这里简要说明氮气混相驱。

（1）氮气作为一种常用的驱替剂，其主要机理包括混相驱替、重力驱替以及注气保持油藏压力。这些机理共同作用于油藏，提高原油采收率。此外，氮气还可用于驱替其他驱替剂与原油的混相段塞，能有效解决驱替过程中可能出现的段塞问题。

第一，混相驱替。混相驱替是一种复杂的油藏开发技术，类似于高压干气混相驱替，其关键在于利用氮气与原油的相互作用来实现驱替效果。在该过程中，氮气通过蒸发作用从原油中抽提轻烃和中间烃类，与原油形成混合相，从而推动原油向采出口移动。这种动态混相过程是持续的，氮气不断地与原油接触、抽提、移动，然后再次抽提、移动，直至达到气液平衡状态。随着氮气的持续注入，氮气中轻烃比例增高，而原油中重烃组分比例增大，最终达到混相状态。

为了保证混相驱替过程的持续进行，需要持续注入氮气，以保持充分混相。然而，这种技术并非适用于所有类型的油藏。氮气混相驱替要求较高的最小混相压力，因此更适用于深层或高压油藏，并且原油中轻烃含量应较高。对于重质原油而言，氮气混相驱替并不适用，N_2 混相驱所需的混相压力较高，如果注入 N_2 后油藏压力仍不能达到混相压力，可以在注入 N_2 前注

入一个 CO_2 段塞（因 CO_2 的混相压力低于 N_2），这样能从原油中提出更重的烃类。

第二，重力驱替。重力驱替是一种开采油气的方法，其核心思想是向油气构造顶部注入气体，以维持或增加气顶压力，从而推动原油和天然气的开采。选择注入氮气的原因在于其密度较小且具有较大的膨胀性，这使它能停留在油层气顶的顶部，有效地保持或增加气顶压力，进而促进原油的流动。

在深层油气藏的应用中，尤其是对于压力接近 42MPa 的情况，注入氮气具有显著的优势。因为氮气的黏度与甲烷接近，密度也与气顶气相近，这有利于维持气顶压力，同时实现对石油和天然气的同时开采。然而，重力驱替并非适用于所有油气藏，其主要适用于倾斜油藏和垂向渗透率高的地层，其中地层的渗透率高于 $0.2\mu m^2$。在实施重力驱替时，需要注意黏性指进风险。由于注入氮气与原油的黏度相差较大，若注入速度不受控制，容易引发黏性指进现象，从而影响开采效果。

第三，保持油藏压力。在石油开采中，保持油藏压力是提高原油采收率的关键因素之一。尤其是对于封闭地层而言，保持油藏压力在露点压力以上显得尤为重要，因为在这种条件下，油藏内的凝析油不会发生反凝析现象，保持了较高的采收率。反凝析现象指的是油藏压力低于露点压力时，凝析油的采收率下降的现象。解决这一问题的方法之一是向地层注入氮气。由于氮气的溶解性较差且具有膨胀性，它可以避免反凝析现象的发生，有助于保持油藏压力高于露点压力，从而提高凝析油的采收率。此外，当油藏压力达到一定程度时，氮气与原油多级接触混相，可进一步提高采收率。研究表明，采用注气保持压力开采的方法，可以将凝析油气田的采收率提高至 45%。然而，纯氮气注入可能导致露点压力上升，引起液体析出。解决这一问题的方法是先注入氮气和天然气的缓冲段塞，以保持压力平衡，确保稳定的采收率提高。

（2）氮气驱的特点。

氮气驱具有以下优点：①适用的油藏类型多。对于挥发性油藏、凝析油藏采用注氮气方法可以获得较高的采收率；对于带气顶油藏和油环的油藏，注氮气可缩短开采期，提高经济效益；对于灰岩油藏，注氮气的成功率也很高。②空气中含氮量达78%，可以从空气中制氮，其资源充足且不受地理条件限制。③在能源利用上，氮气比天然气更合理，更安全，更可靠。

注氮气的缺点：①需要很高的压力才能使氮气与原油达到混相。在相同条件下，氮气与原油的最小混相压力比CO_2和天然气的最小混相压力高得多。②注入的是工厂废弃的烟道气，会带来较为严重的腐蚀问题，采用烟道气分离技术会增加注气的成本。

二、混相机理

（一）一次接触混相机理

实现混相驱最简单、最直接的方法是注入一种能与原油以任意比例互溶且使混合物单相的溶剂。过去常用的一次接触混相驱溶剂是中等相对分子质量的烃，如丙烷、丁烷或液化石油气。这些烃类溶剂能够与原油混合，并在混合物中形成单一相，从而提高驱油效率。然而，中等相对分子质量的烃也会导致部分沥青从原油中沉淀出来。沥青的沉淀会影响油藏的渗透率，降低注入能力和产能，并可能引起生产井的堵塞。

为了降低沥青沉淀产生的影响，过去的做法是使用相对便宜的流体，如天然气或烟道气，来替代液化石油气作为溶剂。然而，这些替代溶剂通常只被注入油藏的一小部分，无法完全解决沥青沉淀问题。此外，混相驱过程中的混相压力是一个关键因素，它常常决定了一次接触混相段塞驱过程中所需的最小压力。

在混相驱过程中，溶剂段塞的尾部压力需要高于混合物的临界凝析压力，以确保混合物保持单相状态。混合作用和相态特征将导致混相能力丧失。当段塞溶剂通过油藏时，前缘与原油混合，后缘与驱替气体混合。

（二）凝析气驱过程

就地产生混相的过程称为凝析气驱或富气驱。要实现混相，凝析气驱设计中可调整两个参数：油藏压力和气体组成。对于一组定组成的注入气，存在一最小压力，即最低混相压力（MMP），高于此压力能实现混相。由于增大油藏压力可减小两相区的大小，所以具有较低的中等相对分子质量浓度的注入气可以在较高的油藏压力下实现混相驱替。

与一次接触过程一样，凝析气驱过程具有驱扫被富气接触的所有原油的潜能。事实上，由于复杂的相态特征，或因为有些原油位于不连通孔隙或者死孔隙中而不被接触，在凝析式气体混相驱过程中仍将剩下少量含油饱和度。真正的动态或多级接触相态特征复杂得多。

在有些油田方案中，富气是不断注入的，但多数情况是用天然气来驱替富气的。由于起始的富气段塞组成比一次接触混相段塞的组成更靠近两相区，所以非混相驱以前富气段塞能承受的稀释作用较小。

（三）汽化气驱过程

另一个实现动态混相驱替的机理是靠中等相对分子质量烃从油藏原油就地蒸发到注入气中，从而形成混相过渡带，这种达到混相的方法称为高压气驱或汽化气驱。天然气、烟道气或氮气可以靠这种方法达到混相，只要在油藏中能够达到混相压力，CO_2 靠多级接触的汽化机理或从原油中抽提中间烃类组分也可以达到动态混相，但 CO_2 比天然气、烟道气、氮气能抽提出更高相对分子质量的烃类。

尽管对气体和原油的汽化气驱过程的混相机理是通过多次间歇式接触方式加以描述的，但气体的富化过程却是连续的，在油藏中形成了一个从油藏原油组成到注入气体组成的邻近混相过渡带。

不管是甲烷 / 天然气还是 N_2/ 烟道气，在气体前缘被原油加富到混相点以前，都存在一定的非混相驱替，一定量的原油必须留在气体前缘之后，以提供所需要的中等相对分子质量，然而在达到气体前缘混相之前所移动的距离与井距相比可忽略不计，甚至在许多室内驱替实验中也可忽略。

当过渡带通过多孔介质时，混合作用会使露点流体进入两相区，这样，驱替过程中一些露点流体将被滞留下来，结果是少量原油滞留在气体前缘之后。

第四章　油田污水除油技术

“油田含油污水的主要来源有三种：一是采油污水，二是洗井水，三是各种工程作业污水。这三种水的主要污染物都是原油，同时又都是在原油生产过程中产生的，故称油田含油污水。”为了保证注入水的质量，防止其腐蚀和堵塞而带来的危害，并使含油污水经处理后得以回注，消除对环境的污染，提高石油开采的经济效益，因此对油田水进行处理，并不断提高和改进其处理技术，对石油开采具有重要的意义。

第一节　油田污水及其处理工艺流程

一、油田水的主要杂质组分和性质

（一）油田水的主要杂质组分

在注水过程中，首先应从腐蚀和堵塞的观点来看水中的杂质组分。

1. 阳离子组分

（1）钙离子。钙离子是油田水的主要成分之一，其含量波动较大，有时可高达 30000mg/L。当钙离子与碳酸根或硫酸根离子结合时，会形成附着垢或悬浮固体，成为地层堵塞的主要原因之一。

（2）镁离子。镁离子的浓度通常较低，但同样会与碳酸根离子结合形成结垢物质，导致管道和设备堵塞。不过，相对于碳酸钙，碳酸镁所引发的问题较轻，因为硫酸镁可溶解而硫酸钙不溶解，这降低了镁结垢的严重程度。

（3）铁离子。水中的铁含量通常以高铁（Fe^{3+}）和低铁（Fe^{2+}）的形式存在，同时也有沉淀的铁化合物。铁的含量不仅可以作为腐蚀情况的检验指标，还会导致地层的堵塞问题。这些沉淀物会在管道内积聚，逐渐堵塞管道，影响油井的正常产能。因此，需要对水中铁的含量和形态进行监测和控制，以防止地层堵塞问题的发生。

（4）钡离子。钡离子与硫酸根离子结合形成的硫酸钡是沉淀物中的一种，由于其难溶解，会导致严重的地层堵塞问题。油田水中的锶离子也会产生类似的情况。这些沉淀物会在管道和井筒中积聚，影响油井的产能和正常运行。

2. 阴离子组分

（1）氯离子。氯离子是水中的主要阴离子，通常源自盐类，如氯化钠。其浓度常被用来衡量水的盐度，是水质评估的简便方法之一。随着氯离子浓度增加，水的腐蚀性相应增加，尤其是点腐蚀更为明显。因此，在水处理和相关工业中，监测和控制氯离子的浓度至关重要，以防止管道和设备被腐蚀。

（2）碳酸根和碳酸氢根离子。碳酸根和碳酸氢根离子在水中能形成不溶解的水垢，对于油田水处理具有重要作用。碳酸根离子的浓度被用于测定碱度，常称为酚酞碱度；而碳酸氢根离子的浓度则用于测定碱度，被称为甲基橙碱度。这些测定对于控制水的酸碱度至关重要，有助于维持设备的正常运行和延长其使用寿命。

（3）硫酸根离子。硫酸根离子与钙、钡、锶等离子结合能生成不溶解的水垢，在油田水处理中应引起重视。然而，硫酸根离子对腐蚀的影响尚存在争议，尚无明确定论。因此，在油田水处理过程中，除了监测硫酸根离子的浓度外，还需要综合考虑其他因素，并采取适当的措施来防止水垢的形成和设备的腐蚀。

（二）油田水性质

1. pH 值

油田水的 pH 值在判断腐蚀和结垢趋势中扮演着关键角色。一般而言，高 pH 值会增加水的结垢趋势，而低 pH 值则会减小结垢趋势，但同时也可能增加水的腐蚀性。

此外，油田水中溶解的 H_2S 和 CO_2 会导致水的 pH 值下降，因为它们属于酸性气体。

2. 悬浮固体含量

悬浮固体含量对于评估水的结垢堵塞趋势至关重要，而这一指标的估算往往通过薄膜过滤器进行。常用的是 0.45μm 孔径的过滤器。

3. 浊度

浊度是衡量水混浊程度的指标，高浊度通常表示水中含有较多的悬浮固体。高浊度的水可能导致地层堵塞，因此是衡量水质的重要指标之一。此外，浊度也可以用来监测过滤器的性能，因为过滤器的有效性通常可以通过浊度的变化来评估。

4. 温度

首先，水温直接影响结垢的趋势，高温会加速水中溶解物质的沉淀，增加管道结垢的可能性。其次，水的 pH 值和气体溶解度也与温度密切相关，这些因素的变化可能会加剧腐蚀过程。高温环境下，腐蚀速率可能会显著增加，对管道的安全性和寿命构成威胁。

5. 相对密度

相对密度指的是水相对于纯水的密度，通常大于 1.0。这一参数直接反映了水中溶解固体的总量，对水的质量和处理过程具有重要意义。高相对密度可能意味着水中含有大量的溶解物质，需要更严格的处理措施来确保生产设备的正常运行。

6. 溶解氧

溶解氧对管道系统的腐蚀和堵塞具有重要影响。水中溶解氧的存在可以促进铁氧化物的沉淀，导致管道出现堵塞。因此，必须监测和控制水中溶解氧的含量，以减少管道系统的腐蚀和损坏。

7. 硫化物

硫化物是另一个常见的水处理问题，主要是硫化氢（H_2S）。硫化物的存在可能是自然的，也可能是由硫酸盐还原菌（SRB）产生的。H_2S 的存在会加速管道的腐蚀过程，并可能形成硫化铁（FeS）等堵塞物质，影响管道系统的正常运行。因此，对硫化物含量的监测和控制至关重要，以确保管道系统的安全和稳定运行。

8. 细菌总数

细菌总数是评估管道系统健康状况的重要指标之一。细菌不仅可能引发管道的腐蚀，还可能导致管道的堵塞。特别需要监测的是硫酸盐还原菌（SRB）和细菌总数（TGB）。

二、不同来源油田水的处理工艺流程

目前国内外各油田采用的供水水源主要有：地下水、地面水、含油污水。

（一）地下水处理

1.除铁

地下水中由于岩石和矿物的溶解，都含有过量的铁，其铁质的主要成分是二价铁，通常以 $Fe(HCO_3)_2$ 的形态存在。二价铁极易水解，生成 $Fe(OH)_2$，但一旦和空气接触，就会被空气中的氧气氧化生成难溶于水的三价铁的沉淀，该反应是一个非常复杂的过程，其总结果可写成：

$$4Fe^{2+}+O_2+10H_2O \longrightarrow 4Fe(OH)_3+8H^+$$

虽然该反应仅需微量的氧就可进行，但氧化反应速度较慢。为了加快除铁速度和效率，通常用天然锰砂对二价铁的氧化反应进行催化。一般认为这是由于锰砂中的二氧化锰首先被水中的溶解氧氧化成七价锰的氧化物，然后再将水中的二价铁氧化成三价铁。

$$3MnO_2+O_2 \longrightarrow MnO \cdot Mn_2O_7$$

$$MnO \cdot Mn_2O_7+4Fe^{2+}+2H_2O \longrightarrow 3MnO_2+4Fe^{3+}+4OH^-$$

以上两个反应都进行得很快，同时天然锰砂中的二氧化锰还具有氧化性，也能使 Fe^{2+} 氧化。

为了除掉地下水中的铁质，一般采用压力式锰砂除铁滤罐，使水中二价铁的氧化反应能迅速地在滤层中完成，并同时将生成的沉淀物 $Fe(OH)_3$ 截留于滤层中，使除铁过程一次完成。压力式滤罐是密闭式圆柱形钢制容器，直径一般不超过 3m，但长度可达 10m，内部装有滤料。当用于除铁时，其滤层为锰砂，粒径一般为 0.5 ~ 1.2mm，厚度为 1.1 ~ 1.2m，滤速为 8 ~ 10m/h，甚至更大。承托层（垫料层）为锰块，粒径为 2 ~ 32mm，厚度为 0.45m，最下层为卵石垫料层。当将压力式滤罐用于过滤水中的悬浮物和细菌时，其滤料层一般可为石英砂、大理石屑、无烟煤屑，其承托层为砾石。压力滤罐的特点包括进、出水管均配备压力表，用于监测压力情况。通过比较两表的压力差值，可以确定过滤时的水头损失，通常为 5 ~ 6m，有时可高达 10m。在反冲洗过程中，滤料层完全浮起，而承托层则保持静止。此时的反冲洗速度通常为 30 ~ 70m/h。将压力式滤罐用于除铁时，其适用于 pH ≥ 6.0，水中含铁量 ≤ 30mg/L 的地下水。当将其用于过滤水中的悬浮物时，水中悬浮物含量应 < 50mg/L，否则应先进行沉淀。

2. 除悬浮固体

与地表水相比，地下水悬浮固体含量较少。除铁处理不仅能够去除铁质杂质，同时也能清除大部分悬浮固体，从而满足高渗透油层注水的水质标准。然而，在处理低渗透油层注水时，除铁后仍需进行深度处理，以确保水质符合相应标准。

（二）地面水处理

地面水中多数含有藻类、粪土、铁菌或硫酸盐还原菌，在注水时必须将这些物质除掉，以防堵塞地层和腐蚀管柱，因此要加入杀菌剂进行杀菌。为了加速水中的悬浮物和非溶性化合物的沉淀，一般需向地面水中加入混凝剂。

在对地面水进行处理时，先将所加药品在混合器中配制，然后在反应沉淀池中搅拌反应，并使悬浮的固体颗粒借助自身的重力沉淀下来。

（三）含油污水处理

含油污水处理的主要目的是除去油及悬浮物。采用立式（重力式）方式进行操作。含油污水通过进水管流入罐内中心筒，再经配水管流入沉降区。

在这个过程中，水中粒径较大的油粒首先上浮至油层，而粒径较小的油粒随水向下流动。部分小油粒在水流速度梯度和自身上浮速度的作用下不断碰撞聚结成大油粒而上浮，无上浮能力的小油粒则进入集水管，最终经出水系统流出除油罐。

一般而言，若除油罐进水中含油量不超过 5000mg/L，自然除油的去除率可达 95% 以上；混凝除油的出水中含油量不超过 100mg/L，油去除率可高达 98% 以上。

含油污水中的悬浮物可用单阀滤罐脱除，它由上下两部分组成，上部是滤罐的自备反冲洗水箱，下部是过滤室。在正常工作时，来水由进水管进入滤罐，经过滤层自上而下过滤，滤后水通过连通管进入反冲洗水箱，水箱充满后水从出水管溢流出去。而在反冲洗时，打开反冲洗电动阀，反冲洗水箱中的水进入过滤室底部集水区，然后自下而上进入滤层进行反冲洗。当水箱水位降低到虹吸破坏管口时，虹吸被破坏，反冲洗停止，然后关闭电动阀转入正常过滤状态。反冲洗时进水可以不停，这时进入水与反冲洗废水一同排入污水回收池。也可将进水管阀门关闭，停止进水，这样不但可以避免造成浪费，而且可使反冲强度不受影响。

三、不同层级含油污水处理工艺流程

从油层地质条件出发，可以将注水水质指标按地层渗透率（μm）大于 0.6，0.1 ~ 0.6，小于 0.1 分为三级，可简称为高、中、低三级，分别采用不同深度的处理工艺流程。处理方法由两部分组成：一是水质净化处理。根据斯托克斯沉降分离原理，通过物理、化学方法达到去除水中的悬浮杂质（包括悬浮固体、油、细菌等）的目的，在工程上分为自然沉降、混凝沉降、聚结、气浮选、旋流分离、过滤等多种净水工艺和不同形式的构筑物或设备，应根据原水水质和回注水质要求，因地制宜，经过技术经济比较确定。二是水质稳定。通过投加水质稳定药剂（缓蚀剂、防垢剂和杀菌剂），以及密闭隔氧或脱除含油污水中的有害气体等措施，使水质稳定，不产生腐蚀金属、结垢和细菌繁殖等危害。

（一）适应高渗透油层的常规污水处理工艺流程（地层渗透率＞$0.6\mu m^2$）

1. 重力式流程

重力式流程是一种常用于油田处理含油污水的方法，其优点主要是除油效率高、污水停留时间长，以及对水质变化的抗冲击能力强。相比之下，其开放式流程虽然处理量大、运行费用低，但占地面积大、基建费用高，并且对乳化油的去除能力有限。

重力式流程使用于大、中型污水处理站。该流程的基本形式为：含油污水（杀菌剂、防垢剂）→自然除油罐→（混凝剂、絮凝剂）混凝除油罐→缓冲罐→提升泵→过滤罐→滤后水罐→注水站。

2. 压力式流程

压力式流程采用压力聚结除油器，填充油聚结材料加速油滴结合，实现较小设备体积和密闭隔氧，但对来水水量和水质变化的适应能力较弱，容易在原水含泥沙量高时产生堵塞现象。

压力式流程适用于油品性质较好，污水中悬浮物含量较低的中小型污水处理站或改扩建站，该流程的基本形式为：含油污水→（杀菌剂、防垢剂）接收罐（兼除油、除泥）→提升泵→压力除油器（净化装置）→（混凝剂、絮凝剂）压力混凝沉降器→过滤罐→滤后水罐→注水站。

压力除油器可以在加工厂预制，现场组装，施工方便。压力式流程较重力式流程节省一次性投资及占地面积。

压力式流程的工艺设计点包括：

（1）沉降罐的大小必须能够适应水量和水质的变化。其重要性在于，系统需要有足够的空间来确保悬浮物有充分的时间沉降，从而达到有效处理的效果。

（2）当进站污水中悬浮物含量低于 50mg/L 时，可考虑采用压力除油器（净化装置），过滤前应加助滤剂，在一些污水站使用效果很好。然而，当进站污水悬浮物含量较高时，需要同时采用压力除油器和混凝沉降器，以有效去除悬浮物。一些污水站已经采用了整合了压力除油和沉降功能的设备。

（3）以蛇纹石或不锈钢交错波板填料作为压力除油器中的聚结材料是两种常见的选择。它们的特性可以有效地防止在生产过程中被液体挟带导致流失，保证系统的效率和持久性。

3. 浮选式流程

浮选式流程的主要除油设备是浮选机，其除油机理是使含油污水中产生大量细微气泡，水中的微小油珠及悬浮颗粒黏附到气泡上，大大提高其浮升速度，缩短了污水停留时间。浮选机去除乳化油的效果最好，对稠油污水处理效果明显。油田多采用叶轮式浮选机，因其有运转部件，维护维修工作量大。

浮选式流程适用于稠油油田含油污水，以及含乳化油高的含油污水。该流程的基本形式为：含油污水（杀菌剂、防垢剂）→自然除油罐→（浮选剂）浮选机→缓冲罐→提升泵→过滤罐→滤后水罐→注水站。

4. 旋流式流程

旋流式流程利用污水除油旋流器，具有体积小、重量轻、分离效率高等优点，是近年来研发的高效除油设备。

旋流式流程适用于滩海油田及改造工程要求占地面积少的污水处理站。该流程的基本形式为：含油污水（杀菌剂、防垢剂）→接收罐→提升泵→污水除油旋流器→（助滤剂）过滤罐→滤后水罐→注水站。

（二）适应中渗透油层的常规污水处理工艺流程（地层渗透率 0.1 ~ 0.6 μm²）

中渗透油层比高渗透油层渗透孔道小。因此，对注水水质中的含油量、悬浮固体等指标要求更严格，处理深度增加。

中渗透率油层污水除油流程与上述高渗透油层污水处理流程相同，但须再增加一级过滤。工艺流程中第一级过滤宜采用核桃壳过滤器，第二级过滤可采用核桃壳或双滤料过滤器。过滤器应采用自动控制反冲洗。

（三）适应低渗透油层的常规污水处理工艺流程（地层渗透率＜ 0.1 μm²）

低渗透油层比中渗透油层渗流孔道还要小，注水水质中含油量、悬浮固体等指标比中渗透油层水质再提高一个档次。污水需要进行精细过滤，传统的深床过滤技术达不到如此高精度的要求。采用两级核桃壳过滤加一级纤维球过滤，可达到 A2 级低渗透油田注水水质要求。利用陶瓷膜过滤技术，处理后水质达到 A1 级低渗透油田注水水质要求。

四、油田污水处理的常用流程

在油田水处理中，选择合适的工艺流程是设计的首要问题，水处理的关键是水质达标，而处理水的目的就是改变来水水质，以满足油田注水开发的需求，提高采油速度。因此，应根据来水水质和处理后污水的用途去向，结合当地各项具体情况，如处理站的规模，采油厂的运行管理模式、技术水平，以及具体流程的衔接等，经过技术经济比较，选择合适的工艺流程和相应的处理设施。

（一）重力式除油—混凝沉降—压力（或重力）过滤流程

重力式除油—混凝沉降—压力（或重力）过滤流程：（来水、加药点）重力除油罐→（加药点）沉降罐→缓冲罐→加压泵→压力过滤罐→净化水罐→（加药点）外输泵→反冲洗泵→污水池（罐）→污水回收泵→污油罐→污油泵。

这个流程处理效果良好，适用于油田污水含油量和水量变化波动强的情况。投加化学药剂后，混凝沉降效果尤其好。但是，处理规模增大时，需要增加压力滤罐数量。由于处理工艺自动化程度稍低，处理大量水时可能稍有不便。然而，若净化水质要求不高且处理规模较大，可以采用重力式单阀滤罐以提高处理能力。该流程的缺点是，罐底排泥困难；若为开式流程，曝氧点多易造成腐蚀。

（二）压力式除油—混凝沉降—过滤流程

压力式除油—混凝沉降—过滤流程：（来水、加药点）来水接收罐→加压泵→压力除油罐→（加药点）压力沉降罐→压力过滤罐→净化水罐→（加药点）外输泵→反冲洗泵→污水池（罐）→污水回收泵→污油罐→污油泵。

该流程来水压力适中，先进来水经缓冲罐的接收，再由加压泵提升至后续压力设备，该流程加强了流程前段除油和后段过滤净化，处理净化效率较高，污水在处理流程内停留时间较短，适用于中、小型处理规模。

（三）压力式旋流除油—聚结—混凝—过滤流程

压力式旋流除油—聚结—混凝—过滤流程：（来水、加药点）旋流除油器→聚结（粗粒化）器→加压泵（加药点）→压力沉降罐→压力过滤罐→净化水罐→（加药点）外输泵→反冲洗泵→污水池（罐）→污水回收泵→污油罐→污油泵。

来水压力较高时，采用该流程。为提高沉降净化效果，在压力沉降之前增加一级聚结（亦称粗粒化），使油珠粒径变大，易于沉降分离。可根据净化水质的要求设置一级过滤和二级过滤。

在该流程中，旋流除油装置能高效去除水中的含油物质。聚结分离过程可以使微细油珠聚结成较大的油块，从而缩短分离时间，提高处理效率；相对于重力式流程，该流程的水质和水量波动适应能力稍低；该流程的机械化和自动化水平稍高于重力式流程；能够利用来水的水压，减少系统的二次提升；排泥容易，曝氧点少。该流程的缺点是设备内部构件复杂，易损坏，维修难度大。

（四）重力除油—两级氮气气浮工艺流程

当前聚合物驱采油技术已经大规模推广应用，但是随着聚合物驱溶液的加入，导致水分离和含油污水处理的难度加大，而重力除油—两级氮气气浮工艺流程主要针对三次采油过程的含聚污水进行处理。

重力除油—两级氮气气浮工艺流程：（来水、加药点）重力除油罐→混凝沉降罐→（浮选剂）一级气浮装置→缓冲罐→加压泵→（浮选剂）二级气浮装置→缓冲罐→（加药点）外输泵→污油罐→污油泵。

该流程除油和除悬浮物效果良好，适用于含聚合物污水处理。其缺点是含聚污水处理后的污泥量大，后续处理难度大。

（五）隔油—浮选—生化降解—沉降—吸附过滤流程

隔油—浮选—生化降解—沉降—吸附过滤流程：（来水、加药点）平流隔油池→（加药点）溶气浮选池→提升泵→一级生物降解池→二级生物降解池→沉降池→提升泵→吸附过滤。

针对部分油田污水采出量大、回用量不足且需达到外排标准的问题，设计了一套综合处理流程。该流程包括隔油、浮选、生化降解、沉降和吸附过滤等步骤。首先，污水经过隔油去除油脂后，进入溶气气浮池进行进一步净化。其次，经过曝气池、一级和二级生物降解池以及沉降池的处理，最终通过砂滤或吸附过滤实现达标外排。一般情况下，该处理流程能够满足净化要求。然而，针对特殊情况，如高水温和高矿化度的污水，则需进行额外处理。对于高水温的污水，需要进行淋水降温处理，以保护受纳水体的生态平衡；而对于高矿化度的污水，则需要进行除盐软化处理，降低盐含量，以免受纳水体盐碱化。

第二节　物理法、化学法和生物法除油技术

采油废水的组成，比如其中的难降解有机物、表面活性剂和矿物质盐类含量的不同，以及针对不同的采油废水产量，废水处理后接纳的水体和是否有回用目的、处理程度的要求等，决定了所采用的废水处理方法不同，处理难度也不尽相同。目前，采油废水的处理目标主要包括以下方面：

第一，回注：将采油废水处理后回注地层或用于配聚。

第二，排放：处理采油废水以达到对外排放标准。

第三，油田回用：处理采油废水以达到油气田生产的用水标准。

第四，生产再利用：达到诸如灌溉的标准、牲畜使用及饮用水标准。

对采油废水进行处理，可以使其从废水变成无害的和有价值的产品。一般来讲，对采油废水进行处理所要脱除的组分主要包括：分散的油及油脂类、溶解性有机物、杀菌剂、悬浮物、溶解性气体（轻烃类气体、二氧化碳

和硫化氢）、溶解性盐类，以及天然有机物（NOM）。

针对上述处理目标，提出以下几种处理采油废水的方法，其中包括物理处理法、化学处理法、生物处理法等。

一、物理处理法

油田污水处理依靠以下物理方法：重力分离、气浮分离、水力旋流、过滤和膜分离。前三种方法通常用于预处理和粗处理，而后两种方法则适用于处理精度要求较高的后段处理。各种方法在处理精度、指标、投资、运行成本和管理难易程度上存在差异。综合考虑这些因素，可选择适合特定油田的最佳处理方案。

（一）重力分离

重力分离是指利用污水中泥沙、悬浮固体和油类等在重力作用下与水分离的特性，经过自然沉降，将污水中密度较大的悬浮物除去。

20世纪90年代以前，中国各油田普遍采用重力除油工艺，至今仍是主要采油污水处理工艺，占60%以上。

这一工艺包括自然除油、化学絮凝、过滤等技术。处理流程主要包括自然沉降罐除去浮油和部分分散油以及大颗粒悬浮固体，随后依次进行絮凝沉降、缓冲提升、压力过滤，最终在加入杀菌剂后得到净化水。该工艺的优点在于能够适应原水含油量的变化，但是当处理大水量时，流程变得复杂，自动化程度较低，而且水质难以满足低渗透油藏注水和外排水质要求。

（二）气浮分离

气浮分离技术利用微气泡黏附油珠形成油滴—气泡聚体，通过浮力使其上升到液面实现油水分离。气浮分离技术可分为溶气浮选和吸气气浮，根据气泡产生方式的不同而有所区别。

1. 溶气浮选

溶气浮选作为一种高效的油水分离技术，在油田污水处理中得到广泛应用。然而，其存在一些问题，如水力条件不合理、死水区多以及容积利用率低，导致脱油效率通常为 70% ~ 80%。针对这些问题，不断对系统进行改进，通过减小气泡尺寸、减缓气泡上升速度等措施提高了除油效率。在一些高效系统中，甚至可以不使用化学剂就能达到油水彻底分离的效果。

2. 吸气气浮

吸气气浮在 20 世纪 70 年代末期被引入油田污水处理领域。最初采用的叶轮吸气浮选机虽然能实现目标，但存在能耗高的问题。随后，喷射浮选装置的出现用液气射流泵取代叶轮，显著提升了节能效果，使得含油浓度低于 10mg/L。然而，尽管天然气喷射浮选在胜利油田取得了一定的效益，但由于维护复杂，在运行一年后便停止了。

浮选剂处于气浮技术的关键位置，直接影响处理效果。常用的浮选剂包括 PAM、PAC、PHP 等及其复配物。

（三）水力旋流

水力旋流技术自 20 世纪 80 年代后期开始应用于油田污水除油设备。其特点在于重量轻、体积小、处理速度快。其技术原理基于离心沉降，利用不同密度、不相溶的两相在高速旋转时产生的离心力差异实现油水分离。这项技术适用于水质要求不高、含油浓度较高的水处理，处理速度快，可通过多台设备并联提高处理能力。在海上平台水处理中得到广泛应用，对陆上高含水油田开发有益。

引入井下油水分离，在高含水油田开采中具有经济效益。然而，该技术存在局限性，如湍流、剪切作用和涡流的不稳定性，这些因素限制了其精度提高和进一步发展。该技术通常用于污水处理流程的前段，作为去除大量污油、泥沙和悬浮物的方法，效率较高，具有一定应用前景。

（四）过滤

过滤技术在水处理中扮演着至关重要的角色。其作用首先体现在通过滤料床的物理和化学作用除去污水中的微小悬浮物、油珠以及被杀菌剂杀死的细菌和藻类等，这为含油污水的深度处理提供了可能，并能够达到排放或回注油层的标准。其过滤原理主要包括机械筛滤和电化学吸附作用。滤料表面通过机械筛滤的方式截留悬浮固体、油珠、细菌和藻类，同时滤料的电化学特性也能吸附污染物，进一步提高过滤效果。

滤料的特性对过滤效果有直接影响，其中包括粒径、级配和厚度。石英砂作为最广泛应用的滤料种类之一，具有较好的过滤效果。此外，无烟煤、石榴石等也是常用的滤料种类。在滤料选材方面的要求如下：

第一，足够的机械强度，不在反冲洗中磨损、破碎。

第二，稳定的化学性质，不与水发生化学反应。

第三，一定的颗粒和适当的孔隙度。

由于滤料孔隙会随着时间的推移而堵塞，因此需要定期进行反冲洗，以恢复滤料层的工作能力。反冲洗过程中，通过反向供水，可以使滤料层膨松，同时将截留的污泥洗去，确保过滤系统的正常运行。

近年来，纤维滤料作为一种新兴的过滤技术逐渐受到关注并得到应用。纤维滤料过滤器能够将水中悬浮物降至 1.5 ~ 2.0mg/L 的水平。

（五）膜分离

利用透膜使溶剂（水）同溶质或微粒（污水中的污染物）分离的方法称为膜分离法。其中，使溶质通过透膜的方法称为渗析；使溶剂通过透膜的方法称为渗透。

膜分离法依溶质或溶剂透过膜的推力不同，可分为以下三类：

第一，以电动势为推动力的方法，称电渗析或电渗透。

第二，以浓度差为推动力的方法，称扩散渗析或自然渗透。

第三，以压力差（超过渗透压）为推动力的方法有反渗透、超滤、微孔过滤等。

其中，电渗析（ED）法则是依据采油废水中的溶解盐，即阳离子和阴离子由于相反电荷间的相互吸引可以吸附到电极上。在 ED 装置中，膜片被置于两个电极之间，这些膜将允许阳离子和阴离子同时通过。最新的研究结果表明，这一方法在处理低浓度 TDS 的采油废水时具有较好的技术经济性，而对于处理高浓度 TDS 的采油废水则非常不经济。

此外，还有一些物理方法，如活性炭吸附、电磁技术、超声波技术，将这些技术应用于油田水处理还有待进一步研究。由于这些技术属于纯物理方法，无污染，有一定的发展前景。但是物理处理方法也有一定的局限性，例如污水中的乳化油、胶体成分及其他一些溶解性的物质，单靠物理处理方法不能完全除掉，而且不能解决污水的腐蚀、结垢及细菌繁殖等一系列问题。

二、化学法

物理法除油设备如管式除油机、刮油刮渣机、浮筒集油器、浮油回收式、带式除油机等，只能除去部分浮油，去除不了乳化油，气浮法能除浮油和乳化油，但动力消耗大，设备复杂，水量大时难以实施。而化学法除油和机械物理法除油相比，具有以下优点：①从化学法除油机理来看，它能除去水中不同类型的油分，既能除去浮油，也能除去乳化状态的油分，除油彻底。②化学药剂能和全部水流起物理化学反应，所以其除油作用全面，不存在局限性，除油效果要好。③加药技术在水处理技术中是成熟技术，易于应用管理。④底流沉泥易集中排出，便于脱水处理、运输及回用。

化学处理法是指采用向系统内添加化学试剂的方法来去除采油废水中的目标组分。通常采用中和、化学沉淀、氧化还原、电解等方法。

（一）中和法

用化学方法去除污水中的酸或碱，使污水的pH达到7左右的过程称中和。

当接纳污水的水体、管道、构筑物对污水的pH有要求时，应对污水采取中和处理。对酸性污水可采用与碱性污水相互中和、投药中和、过滤中和等方法。其中和剂有石灰、石灰石、白云石、苏打、苛性钠等。对碱性污水可采用与酸性污水相互中和、加酸中和和烟道气中和等方法，其使用的酸常为盐酸和硫酸。

酸性污水中含酸量超过4%时，应首先考虑回收和综合利用；低于4%时，可采用中和处理。

碱性污水中含碱量超过2%时，应首先考虑综合利用：低于2%时，可采用中和处理。

（二）化学沉淀法

化学沉淀法主要用于去除悬浮的胶体颗粒，但对于去除可溶性的组分则效果非常有限。石灰软化是水软化的重要途径，可将高硬度的水软化到用于蒸气发生器的水质标准。

（三）氧化还原法

污水中的有毒有害物质，在氧化还原反应中被氧化或还原为无毒、无害的物质，这种方法称为氧化还原法。

常用的氧化剂有空气中的氧、纯氧、臭氧、氯气、漂白粉、次氯酸钠、三氯化铁等，可以用来处理焦化污水、有机污水和医院污水等。

常用的还原剂有硫酸亚铁、亚硫酸盐、氯化亚铁、铁屑、锌粉、二氧化硫等。例如，含有六价铬（Cr^{6+}）的污水，当通入 SO_2 后，可使污水中的六价铬还原为三价铬。

（四）电解法

电解法的基本原理就是电解质溶液在电流作用下，发生电化学反应的过程。阴极放出电子，使污水中某些阳离子因得到电子而被还原（阴极起到还原剂的作用）；阳极得到电子，使污水中某些阴离子因失去电子而被氧化（阳极起到氧化剂的作用）。因此，污水中的有毒、有害物质在电极表面沉淀下来，或生成气体从水中逸出，从而降低了污水中有毒、有害物质的浓度，此法称电解法，多用于含氰污水的处理和从污水中回收重金属等。

三、生物法

生物处理法是指利用采油废水中微生物的生化作用，使污水中有机污染物分解为小分子有机物质，即转化为无害物质，以达到污水净化的目的。“与常规的重力沉降、混凝沉降工艺相比，生物法除油具有高效、运行平稳、管理方便、成本低廉、污泥量少等优点，但也带来了曝氧和杀菌的问题，建设投资较高，适用于油田含油污水外排和回注处理，特别是水质要求较高的低渗透油田。”

根据采油废水在生物处理过程中是否供应氧气，生物处理法主要分为好氧处理和厌氧处理两类方法。

（一）好氧处理法

在采用好氧处理法时，常采用活性污泥法、序批式活性污泥法、生物滤池等，还可以在生物处理法中增加曝气过程以提高采油废水的处理效率。

1. 活性污泥法

活性污泥法是处理采油废水的常用方法，在一个连续流反应装置中，首先采浮油回收器进行除油，然后在好氧罐中实现微生物的生长。利用活性污泥处理系统，20 天左右即可除去 98% ~ 99% 的石油烃类。另外，在 SBR 中，活性污泥对 COD 的去除率为 30% ~ 50%。当系统中的含盐量超过 100000mg/L 时，微生物的溶解作用促进了生物量的损失，从而使生物降解速率大幅度下降。

2. 序批式活性污泥法

序批式活性污泥（SBR）工艺是一种间歇运行的活性污泥法，通过对系统时间和空间的控制调节，使调节、曝气、初沉、二沉、生物脱氮等过程集中于一池。由于污水大多集中于同一时段连续排放，且流量波动较大（如城市生活污水、化工废水等），SBR 工艺至少需要两个池子交替进水，才能保证污水连续流入反应器内。单个 SBR 池按周期运行，共分为进水、反应、沉淀、排水、闲置五个阶段。当污水进入量达到预定的容积后，根据反应需要达到的程度，进行曝气和搅拌，并确定反应时间的长短，必要时可投加药剂。经过沉淀后的上清液作为处理出水排放，沉淀的污泥作为种泥留在曝气池内，起到回流污泥的作用。

3. 生物滤池

生物滤池是出现最早的人工生物处理构筑物，按其工艺、构造和净化功能可分为普通生物滤池、高负荷生物滤池和塔式生物滤池。普通生物滤池又称为滴滤池。

与活性污泥法相比，生物滤池具有以下优点：能耗低；无污泥回流，操作简单；二沉池无污泥膨胀问题；污泥浓缩脱水性能好；抗冲击负荷能力强。在具体的运行过程中，普通生物滤池常存在以下问题：出水水质较差；对低温有较强的敏感性；产生气味；生物膜脱附难以控制。

一般建成钢筋混凝土或砖石结构的长方形或者圆形池子，池内装的生物载体是小块料（如碎石块、炉渣或者塑料滤料），堆放或叠放成滤床，故常称滤料。生物滤池的滤床是暴露在空气中的，滤料层上有布水装置，废水洒到滤床上。

碎石滤床的深度大多为 1.8 ~ 2m。深度过高，则滤床表层容易堵塞积水，而一旦滤率提高到 8 ~ $10m^3$/（m^2 · d）以上，水流的冲刷作用使生物膜不致堵塞滤床。为了满足水力负荷率的要求，来水常用回流稀释。为了稳定处理效率，可采用两级串联。使有机物（用 BOD_5 衡量）负荷率可从 0.2kg/（m^3 · d）左右提高到 1kg/（m^3 · d）以上。当滤床深度从 2m 左右提高到 8m 以上时，通风改善，即使水力负荷率提高，滤床也不再堵塞，滤池工作良好，同时有机物负荷率也可以提高到 1kg/（m^3 · d）左右。因为这种滤池的外形像塔，其平面直径一般为池高的 1/6 ~ 1/8，故称塔式滤池。

在平面上，塔式生物滤池呈圆形、方形或矩形，由塔身、滤料、布水系统、通风系统和排水装置组成。塔身一般沿高度分层建造，在分层处设格栅，格栅主要起承托滤料的作用。塔式生物滤池要求滤料轻质且孔隙率大，目前国内外发展的玻璃钢蜂窝填料和大孔径波纹塑料板滤料，兼具以上两大特点，故获得了广泛的应用。塔式生物滤池常用于高浓度工业生产废水的处理，可大幅度去除有机污染物，经常保持良好的净化效果。

（二）厌氧处理法

1. 厌氧生物处理法的基本原理

厌氧生物处理法是在没有分子氧及化合态氧存在的条件下，利用兼性微生物和厌氧微生物降解水中的有机污染物，使其稳定化、无害化的污水处理方法。在这个过程中，有机物的转化分为三部分：一部分被氧化分解为简单无机物，一部分转化为甲烷，剩下少量有机物则被转化、合成为新的细胞物质。与好氧生物处理法相比，用于合成细胞物质的有机物较少，因而厌氧生物处理法的污泥增长率要小得多。

在实际厌氧微生物处理废水的过程中，兼性厌氧微生物和专性厌氧微生物均有重要的作用。通常情况下，先由兼性厌氧微生物把水体中本身携带的氧消耗殆尽，为专性厌氧微生物提供生存环境，然后才是专性厌氧微生物的消化阶段。

厌氧微生物处理废水分为三阶段：

（1）水解和发酵阶段。有机物通过发酵细菌生成乙醇、丙酸、丁酸和乳酸等，起作用的微生物主要是产酸细菌，如梭菌属、拟杆菌属、丁酸弧菌属、真杆菌属、双歧杆菌属等。

（2）产氢产乙酸阶段。第一阶段产生的丙酸、丁酸等脂肪酸和乙醇在产氢产乙酸菌的作用下转化为乙酸、H_2、CO_2。主要的细菌有共养单胞菌属、互营杆菌属、梭菌属和暗杆菌属等。

（3）产甲烷阶段。产甲烷菌利用乙酸、H_2、CO_2 产生甲烷。产甲烷菌大致可分为两类：一类是利用乙酸产甲烷，另一类是利用 H_2 和 CO_2 合成甲烷，但数量较少。另外，还有极少数细菌既可利用乙酸又可利用 H_2 产甲烷。

产甲烷菌都是严格厌氧菌，要求生活环境的氧化还原电位在 –150 ~ –400mV。氧和氧化剂对甲烷菌有很强的毒害作用。

产甲烷菌主要有乙酸营养型与氢营养型两大类，其中 72% 的甲烷是通过乙酸转化的。能代谢乙酸的产甲烷菌有甲烷鬃毛菌和甲烷八叠球菌。前者只能在乙酸基质中生长。后者除可利用乙酸基质外，还可利用甲醇、甲胺，有时也可利用氢气和二氧化碳。甲烷八叠球菌以甲醇为基质时的生长速率比以其他物质为基质时要快。当乙酸浓度较低时，甲烷鬃毛菌占优势；当乙酸浓度较高时，甲烷八叠球菌占优势。氢营养型产甲烷菌是重要的产甲烷菌，种类较多，主要有甲烷短杆菌、甲烷杆菌、甲烷球菌、甲烷螺菌等属。另外，发现高温厌氧污泥中的主要氢营养菌有甲酸甲烷杆菌、嗜树木甲烷短杆菌、嗜热自养甲烷杆菌。在氢营养菌周围往往能观察到一些伴生菌，特别是产氢细菌，表明它们之间有紧密的关系。

2. 厌氧生物处理条件

（1）温度。温度对有机物的厌氧降解有显著影响。中温性厌氧消化微生物的最适生长温度约为35℃，高温性厌氧消化微生物的最适生长温度约为53℃。温度宜控制在厌氧消化微生物的最适生长范围内。

（2）pH。产甲烷菌对pH敏感，如果pH低于6.8或高于7.8，产甲烷菌的生长会受到抑制。pH宜控制在6.8 ~ 7.8。

（3）养分。厌氧消化微生物对碳、氮、磷等营养物质的要求低于好氧微生物。BOD_5 ：N ：P可控制在200 ：5 ：1。但是，许多厌氧消化菌含有独特的辅酶，对微量元素有特殊要求，宜补充镍、钴、钼等微量元素。

（4）毒物。有毒物质会抑制厌氧微生物的生长和代谢。毒物可以是无机物（如硫化物、氨、重金属），也可以是有机物（如苯、酚、氯仿），特别是人工有机物（如农药、抗生素、染料）。毒物浓度宜控制在抑制浓度阈以下。

（5）厌氧环境。厌氧消化微生物对氧敏感。厌氧生物处理装置必须密封，防止空气进入。在密封装置内，兼性厌氧菌消耗溶解氧可形成厌氧环境。通常，高温发酵的氧化还原电势为 -560 ~ -600mV，中温发酵的氧化还原电势为 -300 ~ -350mV。

3. 厌氧微生物处理污水的特点

厌氧生物处理方法的优点如下：

（1）有机负荷高，产生的剩余污泥少，运行费用低，对N、P等营养盐需求低。

（2）可以把污水处理、能源回收结合起来，有较好的经济与环境效益。

（3）设备简单，操作灵活，占地面积小。

（4）高浓度有机废水不需稀释，可直接进行处理。厌氧微生物的特点使该方法工艺适合季节性或间断性运行。

厌氧生物处理方法的缺点如下：

（1）厌氧微生物生长速率慢，处理效率较低，反应器初次启动过程缓慢，需8 ~ 12周，整个水处理时间较长。

（2）净化后的水质一般达不到污水排放标准，COD浓度高于好氧法，需要与其他方法联用。

（3）厌氧微生物对有毒物质比较敏感，处理过程中易产生臭味。

（4）对水质和操作控制的要求高，对低浓度的有机废水处理效果不理想。

第三节 物理化学法除油技术

一、混凝法除油

混凝是水处理的一种十分重要的方法。其工艺流程为：首先向废水中投加混凝剂，并剧烈搅拌，使混凝剂和废水中的胶体污染物充分混合、接触、碰撞，混凝剂发生水解反应，生成高分子的聚合物。这个过程在混合池内进行。然后充分混合的混凝剂和废水进入絮凝反应池，此时，混凝剂的水解反应已经完成，絮体继续长大，并通过吸附、架桥、网捕等作用，充分和污染物结合在一起，这个过程要防止剪切力过大而破坏已经长大的絮体。最后，充分形成的絮体和污染物形成共沉淀，在沉降池中发生沉降或在气浮池中上浮，从废水中分离出来。

混凝过程可去除水中的浊度、色度、某些无机或有机污染物，如油、硫、砷、镉、表面活性物质、放射性物质、浮游生物和藻类等。

混凝剂种类很多，包括无机盐类、高分子絮凝剂以及助凝剂等。一般情况下，应进行被处理水的混凝剂选择试验，来确定混凝剂的种类、投加数量和投加方式，或参照类似被处理水条件下的运行经验。

混凝法可用于各种工业污水的预处理、中间处理或最终处理。

二、吸附法除油

（一）吸附法的原理

吸附和被吸附之间的作用力可分为三种，即范德华力、化学键力、静电力。范德华力是指存在于分子与分子之间或惰性气体原子间的作用力，又称分子间作用力；化学键力是指纯净物分子内或晶体内相邻两个或多个原子（或离子）间强烈的相互作用力；静电力是指静止带电体之间的相互作用力。与此相应，可将吸附分为三种基本类型。

第一类吸附是指溶质与吸附剂之间由于分子间力（范德华力）而产生的表面现象，称为物理吸附。其特点在于，吸附质并不是固定在吸附剂表面的专门格点上，能在界面一定范围内自由移动，因而其吸附的牢固程度不如化学吸附。物理吸附可以是分子单层吸附或分子多层吸附。

第二类吸附是指溶质与吸附剂发生化学反应，所以称为化学吸附。此时，吸附质由于某种化学键力牢固地附着于吸附剂表面而不能自由移动。化学吸附只能形成单分子吸附层。

第三类吸附是指溶质的离子由于静电引力作用聚集在吸附剂表面的带电点上，称为交换吸附。通常离子交换属于此范围。此时，离子电荷量和水合半径的大小是影响交换吸附的主要因素。

（二）常见的吸附方法

最常见的一种吸附剂是活性炭，它不仅对油有很好的吸附性能，同时能有效地吸附污水中的其他有机物，但吸附容量有限（对油一般为 30 ~ 80mg/g），且成本高，再生困难，故一般只用于含油污水的深度处理。

吸附法最新的研究进展多体现在高效、经济的吸油剂开发与应用方面。有文献介绍了一种由质量分数为 5% ~ 80% 的具有吸油性能的无机填充剂（如镁或铁的盐类、氧化物等）与 20% ~ 95% 的交联聚合物（如聚乙烯、聚苯乙烯等）组成的吸油剂，这种吸油剂对油的吸附容量可达 0.3 ~ 0.6g/g，但需要很长的接触时间，如污水的含油质量浓度为 120mg/L 时，需处理 50h 才能降至 0.8mg/L。

吸附树脂是近年来发展起来的一种新型有机吸附材料，其吸附性能良好，易于再生重复使用，有可能取代活性炭。吸附材料吸油饱和后，有的可再生重复使用，有的可直接用作燃料。近年来研制的高吸油树脂是一种具有交联结构功能的高分子材料，其机械强度高、吸附能力强，是一种比较理想的处理含油污水的新型材料。

磁分离法是吸附除油方面的最新研究成果，通过投入经过磁化的磁粉吸附污染物，然后经过磁分离而使水质净化。磁粉与工作介质之间巨大的密度差使得絮体迅速下沉，同时磁性絮状物夹带着所有固体颗粒（包括残油和进入系统的污泥）迅速沉淀。

在混合罐中，絮凝剂、聚合物和磁性加载物（相对密度约为5.2）混合产生高密度的磁嵌合絮状体。污水首先进入混合罐，水力停留时间约为2min。混合物流入锥形底的澄清罐中，巨大的密度差使得絮体沉降速度很快，磁性絮状物夹带着所有固体颗粒（包括残油）迅速沉淀，进入系统的污泥层，总水力停留时间大约为8min。然后澄清罐的上清液流入磁过滤器中，利用高梯度磁过滤进一步去除水中的悬浮颗粒物。污泥经过磁鼓分离器将磁粉回收并再次投加到混合罐中，分离后的污泥则外排处理。磁过滤技术处理速度快，磁粉回收率可达99.8%。磁过滤技术由于具有较高的除油除悬浮物效率，可作为膜处理工艺的前端预处理技术加以深入研究。

实验结果表明，当动植物油污含油质量浓度为112 ~ 1855mg/L，COD_{Cr}为2800 ~ 8020mg/L时，用磁分离法处理可使油和COD_{Cr}的去除率分别达到85%和75%以上。该法出水水质好、设备占地小，但投资较高、吸附剂再生困难，故一般只用于含油污水的深度处理。

第五章　油田污水处理工艺

从油井产液中脱出的水称为油田污水（简称污水）。目前我国大部分油田采用了注水开发生产方式，油田的采出液也呈增加的趋势。对于油田污水，根据各油田要求的水质标准，采用不同的污水处理技术和工艺进行处理，使其达到回注标准以满足油藏开发的需要。油田的污水处理从以前单一的回注，发展到目前用于锅炉给水处理、达标外排处理、海上油田水处理等多种方式，也进一步推动了油田污水处理技术的发展。

第一节　混凝沉降工艺

一、混凝沉降法的原理

混凝沉降作为一种经济、简便且成熟的固液两相体系分离方法，在国内得到了广泛应用，尤其是在水中污染物去除方面效果显著。“该工艺是利用凝聚沉降作用，使污水中悬浮颗粒和胶体微粒聚集沉淀，达到降低污染物的目的。混凝工艺主要去除废水中的COD、石油类和色度，提高废水可生化性，为废水后续生化处理提供有利条件。”

因涉及诸多因素，如水中杂质成分、浓度、水温、pH值、碱度，以及混凝剂性质和混凝条件等，其化学混凝机理尚不完全清楚。其主要作用可归纳为以下三个方面。

（一）双电层压缩机理

水中胶体颗粒保持稳定分散悬浮的关键在于胶体的ζ电位。ζ电位阻止了微粒之间的聚集，维持着它们的分散状态。因此，消除或降低胶粒的ζ电位会导致微粒碰撞聚集，失去稳定性。混凝剂在这一过程中扮演着关键角色。通过投加混凝剂，可以消除或降低胶粒的电位。混凝剂中含有大量的正离子，当它们进入胶体扩散层和吸附层时，增加了正离子的浓度，从而减小了电位。这一过程使得胶粒之间的相互排斥力减小，促使胶体发生凝聚。

双电层压缩作用是解释胶体凝聚的一个重要理论，尤其适用于无机混凝剂提供的简单离子情况。然而，仅用双电层作用原理解释混凝现象可能会引发矛盾。因为根据这一理论，增加外加电解质浓度并不会导致更多的超额反离子进入扩散层。然而，实际情况却并非如此。实验表明，增加电解质浓度确实会加速混凝过程，与双电层作用理论的预测不符。为此，人们又提出了其他机理。

（二）吸附架桥作用

吸附架桥作用是指链状高分子聚合物在静电引力、范德华力和氢键力等作用下，通过活性部位与胶粒和细微悬浮物等发生吸附桥连的现象。铁盐或铝盐及其他高分子混凝剂溶于水后，经水解、缩聚反应形成聚合物，具有线性结构，这类高分子物质可以被胶体强烈吸附。聚合物在胶体表面的吸附是由多种物理和化学作用驱动的，其中包括静电引力、范德华力和氢键力，其具体表现取决于聚合物与胶体表面化学结构的特点。由于聚合物线性长度较大，一旦吸附在一个胶体上，就有可能形成吸附架桥，将多个胶体颗粒连接起来，导致颗粒逐渐增大，形成粗大絮凝体。

在污水处理中，应严格控制高分子絮凝剂的投加量及搅拌时间、强度，如投加量过大，一开始胶粒就被过多高分子絮凝剂包围，反而会失去同其他微粒架桥结合的可能性，处于稳定状态。已经架桥絮凝的胶粒，如果受到剧烈的长时间搅拌，架桥聚合物可能从另一胶粒表面脱开，恢复在胶粒表面的位置，造成再稳定状态。

（三）网捕或卷扫作用（网扫作用）

加入足够量的混凝剂可在溶液中形成大量絮体，这些絮体含有具有一定长度和支链的线性高分子物质，并且絮体之间也会发生吸附作用。混凝过程中，水中形成的絮体能够快速捕捉胶体颗粒，实现了净化沉淀分离，这是一种机械作用。

当使用铁、铝盐等高价金属盐类作混凝剂，并在适当的条件下使其生成难溶性氢氧化物沉淀时，可以有效地将胶粒或细微悬浮物与水一起除去，从而实现水质的净化。

二、混凝沉降的工艺阶段

混凝沉降法适用于悬浮物含量高（200mg/L），油滴粒径小于10μm的含油污水。混凝沉降设备的主要作用是实现污水中的水与悬浮物分离。化学混凝剂将污水中的悬浮物变成大颗粒加速沉降，达到分离的作用。混凝工艺分为混合和反应两个阶段。

（一）混合阶段

混凝剂与水能否急剧、充分混合的关键在于投药口的位置和混合设备的选择。目前各油田投药口大部分都设在压力管线上，为保证充分混合，一般采用管式静态混合器，其喷嘴流速为3 ~ 4m/s，混合时间一般为10 ~ 20s，混合管线流速为1.0 ~ 2.0m/s。在污水中投加絮凝剂或助凝剂后，要求水流在剧烈的紊流流态下进行快速混合，为絮凝创造良好条件。混合主要有以下几种方式：

1. 水泵混合

水泵混合是指将混凝剂溶液注入输水泵的吸入管，利用叶轮旋转产生的涡流进行混合。这种方法简便易行、能耗低、混合均匀。然而，水泵距离反应器不宜过远，以免在输水管内形成细碎絮凝体，影响混合效果。

2. 管道混合

管道混合是利用在管道内安装的多节固定分流板的管式静态混合器，使水流成对分流，同时产生交叉旋涡起反向旋转作用，从而实现快速混合。在管道混合器设计中，管内水速宜控制在 1.0 ~ 2.0m/s 范围内，以确保有效的混合效果。投药后，管内水头损失应不小于 0.3 ~ 0.4m，以促进药剂与水体的充分混合。为提高混合效果，可增设孔板或 2 ~ 3 块交错排列的挡板。管道混合器无活动部件，结构简单，易于安装和使用。

为了使药剂与污水充分混合，经常在管道中使用静态混合器。静态混合器的特点为：没有运动部件，维修方便，操作易连续化，操作费用低。常用的 SK 型静态混合器由若干个安装在直管段内的混合元件组成。当污水逐次流过每个元件时，即被分割成越来越薄的薄片，其数量按元件数的幂次方增加，最后由分子扩散达到均匀混合状态。

3. 机械搅拌混合槽

机械搅拌混合槽通过搅拌桨的快速旋转引起紊流来实现混合。为了提高混合效果，槽内应设置壁挡板。当混合和反应在同一槽内进行时，需要增设导流筒，以控制物料流向和确保一定的回流比。

槽体有效容积按水力停留时间 10 ~ 30s 计算，有时还乘以 1.2 的放大系数。对于桨叶外缘线速度，桨式取 1.5 ~ 3.0m/s，推进式取 5 ~ 15m/s。机械传动功率的计算可查有关设计手册。

（二）反应阶段

油田污水处理站通常不设独立的反应构筑物。在大多数情况下，反应和分离（沉淀）功能会合建在一起的混凝沉降设施内，这些设施通常采用卧式或立式结构。反应器根据水力原理分类，分为旋流式中心反应器、涡流式中心反应器以及旋流、涡流组合式反应器。

1. 旋流式中心反应器

旋流式中心反应器有效反应时间一般为 8 ~ 15min，喷嘴进口流速为 2 ~ 3m/s。经自然除油后的污水加入混凝剂，进入反应器中反应形成矾花，经配水管进入混凝沉降罐，在流动过程中密度较小的污油携带大部分悬浮物上浮至油层，经出油管流出，少量相对密度比较大的悬浮物下沉至罐底，混凝净化后的水从出水口流出。

2. 涡流式中心反应器

涡流式中心反应器有效反应时间一般为 6 ~ 10min，进水管流速为 0.8 ~ 1.0m/s，锥底夹角为 30° ~ 45° 。涡流式中心反应筒混凝沉降罐工作过程与旋流式中心反应器基本一致，只是将反应筒改为锥形反应筒，由旋流变为涡流。

第二节　过滤工艺与膜分离技术

前面提到的处理技术中，物理处理法初始投资大，并且对进水的水质较敏感。化学处理法会产生新的有害物质，如对外排放会造成新的污染，且运行成本较高；另外，采油废水的初始浓度对化学处理法的效果影响较大。在生物处理法中，无机组分和盐浓度对采油废水的处理效果更为敏感。用物理化学处理法和生物处理法处理采油废水，不能将所有污染物除掉。

一、过滤工艺

（一）过滤的基本原理

过滤系统是一种通过过滤床，通常由约 700mm 的石英砂或其他颗粒物质构成，将污水流过，使杂质留在介质的孔隙中或介质表面，从而实现对水的净化。

滤池的作用是去除水中的悬浮物、胶体物质，以及诸如细菌、藻类、病毒、油类、铁和锰的氧化物、放射性颗粒、预处理中加入的化学药品以及重金属等有害物质。

过滤去除水中杂质是一个复杂的过程，涵盖多种机理。国内外许多人进行了研究，但由于视角不同，解释也各异。从性质上分析，过滤机理可分为物理作用和化学作用两类。具体的过滤机理涉及吸附、絮凝、沉淀和截留等方面。

1. 吸附

滤池是一种常见的水处理设备，其关键功能在于吸附和去除水中的悬浮颗粒。这一过程主要通过悬浮颗粒被吸附到滤料颗粒表面实现。吸附的效果取决于多种因素，包括滤料和悬浮颗粒的尺寸、吸附性质和抗剪强度。除了物理因素，如滤池和悬浮液的性质，化学因素也起着至关重要的作用，其中电化学性质和范德华力是关键因素。

2. 絮凝

为了获得最佳的过滤性能，有两种基本方法可供选择。一是通过调整混凝剂的投加量来达到最佳过滤效果，这可以促进絮凝体的形成。二是在水进入滤池后，向其中投加助滤剂的二次混凝剂，以进一步促进絮凝体的生成。

在此之前，预处理起到了至关重要的作用。预处理的目的在于产生小而致密的絮凝体，使其能够穿透到滤床表面，从而增加与滤料颗粒表面的接触机会。在滤床内，通过絮体颗粒与滤料颗粒表面的接触，絮凝体得以去除，并黏附在滤料表面。这一过程主要发生在滤料颗粒之间的孔隙通道的弯折处。温度也会对滤池的效率产生影响。在低温下，水的黏度增加，絮凝作用减弱，同时水的剪力增强，这可能导致絮凝体被撕碎破裂，从而降低过滤效率。因此，在设计和操作滤池时，需要综合考虑温度因素，以确保其最佳性能。

3. 沉淀

孔隙空间通过颗粒过滤去除杂质，水池内的沉淀则进一步净化水质。孔隙空间与水池中浅盘的功能相似性，共同促进水体的净化和过滤作用。

4. 截留

筛滤是水处理中最简单的过滤过程之一，其发生在滤池表面。初始阶段，筛滤只能去除比孔隙大的物质，而随着过滤的进行，这些物质会在滤料表面形成一层薄膜。当被过滤的水含有大量有机物质时，薄膜上的生物，如腐生菌，会利用这些物质繁殖，从而提高筛滤过程的效率。这种效率的提升被称为滤池的成熟或突破，其所需时间取决于杂质的浓度、可利用程度和水温度等因素。高浓度、高营养价值和高温度有助于生物繁殖并形成厚膜，进一步促进筛滤过程。然而，当过滤阻力升高或薄膜存在破裂风险时，必须采取措施去除薄膜及其支承的滤料表面层，以维持过滤效果。过滤去除杂质是一个复杂的过程，其机理对于不同的水质可能各不相同，可能主要以某种机理为主，而其他机理则为辅。这表明了筛滤作为水处理过程中的一种基础技术，在不同条件下需要综合考虑各种因素并随时调整操作，以达到最佳效果。

（二）过滤介质及影响因素

过滤介质的种类繁多，包括石英砂、无烟煤、微孔塑料、微孔陶瓷等。在选择滤料时，需考虑多个因素：①足够的机械强度，以确保在过滤过程中不会破碎或变形；②良好的化学稳定性，以免滤料溶解于水中，造成二次污染；③取材便利、价格低廉，有利于成本控制；④外形接近球形，表面较粗糙，能够提供较大的吸附表面，有助于去除水中的杂质和污染物。

在油田水处理的过滤中，多数是砂滤器。砂滤具有费用低、容易清洗和反洗等优点。细砂与粗砂有不同的应用条件，一般情况下，细砂适用于以下场合：①要求去除浊度较完全；②有较短的过滤流程；③要求去除细菌；④清洗细砂的反洗过程有效。粗砂则一般适用于以下场合：①对水质要求较低；②允许较小的絮凝物质穿透；③用于高的反洗速率。

对于砂滤器的最大流速一般取决于以下因素：所要求流出水的质量；原水的性质；砂粒的大小；过滤器床的深度等。

由于悬浮固体进入床体是与过滤速率成比例的，因此高的过滤速度可以采用比较薄的床或者是较低的压力损失来达到。

影响过滤效果的因素如下：

第一，砂粒大小。粗砂的过滤速率高于细砂。此外，砂粒直径的变化会引起压头损失的变化，因此曲线估计在一定程度上可以避免流穿现象。

第二，湍流的影响。过滤速度的增加容易产生湍流，而湍流则会导致颗粒穿透过滤床，降低过滤效率。

第三，絮凝剂和聚电解质。由于用于过滤过程的砂粒表面通常具有负的 ζ 电位，如果投加阳离子型聚电解质和带正电荷的絮凝剂，当它们涂在表面上时，可以改变砂粒表面的 ζ 电位，由负电位变为正电位。具体来说，这些添加物的作用主要表现在改变电位、影响悬浮颗粒的表面性质以及形成架桥效应，从而有利于过滤过程。因此，正确使用聚电解质和絮凝剂可以优化过滤过程，提高效率和速度，为水处理工程提供可靠的技术支持。

二、膜分离技术

对于离岸生产装置而言，膜技术可以除掉废水物料中的有害组分，以满足所有的环保要求，是较有前景的含油废水处理技术之一。

膜有多种分类方法，如按分离机理可分为反应膜、渗透膜等；按膜的结构可分为平板膜、卷式膜等。目前最常见的膜分离方法是微滤（MF）、超滤（UF）、纳滤（NF）、反渗透（RO）和电渗析等。其中，微滤主要用于分离悬浮物颗粒；超滤主要用于分离大分子的胶体粒子；反渗透主要用于水溶液中有机小分子及盐离子的去除；而纳滤则是介于超滤和反渗透之间的一种分离技术，主要用于相对分子质量大于200的有机小分子和高价盐离子的去除。例如，我国已经具有利用超滤膜进行油田污水处理的案例："新疆油田公司将气浮技术和超滤膜技术相结合，进行油田污水的处理，最终达到了特低渗透油层要求中海油天津分公司针对油田污水含油含聚的问题，采用Ⅰ代功能陶瓷膜，进行试验，达到污水及时处理、提高效率、降低成本的目的；河南油田某稠油联合站选用截留分子量为30000的PVDF膜错流过滤，进行稠油污水处理试验，在污水深度处理装置前设计保安过滤设备，对污水进行过滤预处理工艺，结果表明，系统具有良好的稠油污水处理效果。"

（一）生物膜降解有机物的原理

由于生物膜的吸附作用，在其表面上有一层很薄的水层，称为附着水层。这层水中的有机物大部分已经被生物膜氧化，其有机物浓度比进水的低得多。因此，当进入池内的污水沿膜面流动时，由于浓度差的作用，有机物会从污水中转到附着水层中，并进一步被生物膜吸附。同时，空气中的氧也将经过污水而进入生物膜。膜上的微生物在氧的参与下对有机物进行分解和机体新陈代谢。其中一部分有机物被转化为细胞物质，进行繁殖生长，成为生物膜中新的活性物质；另一部分物质转化为排泄物，在转化过程中放出能量，产生的二氧化碳和其他代谢产物则沿着与底物扩散相反的方向从生物膜经过附着水层排到污水和空气中。如此反复，最终达到净化水质的目的。

（二）生物膜工艺处理的主要特点

与活性污泥法相比，生物膜法具有以下特征：

1. 生物相特征

（1）生物膜法形成的膜状生物相附着于介质表面，确保生态系统的稳定性和种群的丰富性。这些生物膜包括细菌、原生动物、真菌、藻类以及后生动物，甚至包括增殖速度较慢的其他无脊椎动物，形成复杂、稳定的复合生态系统。因此，在生物膜上形成的食物链要长于活性污泥上形成的食物链。

（2）生物膜上的微生物能够存活较长时间，其生物固体平均停留时间更长。因此，生物膜中的微生物具有较长的生长世代时间和较慢的增殖速度，如硝化菌、亚硝化菌等。生物污泥的生物固体平均停留时间与污水的停留时间无关。

2. 工艺特征

（1）抗冲击负荷能力强。生物膜法是一种包括各种处理工艺的污水处理技术。其对原水水质、水量变动具有较强的适应性，操作稳定性好，抗冲击负荷能力强，并能处理低浓度污水。生物膜反应器受水质、水量变化影响小，即使有一段时间中断进水，对生物膜的净化功能影响也不大，通水后能够较快地恢复功能。

（2）沉降污泥性能好，易于固液分离。即使存在大量增殖丝状菌，也不会产生污泥膨胀。然而，当厌氧层过厚时，会导致脱落的污泥大量释放非活性细小悬浮物至水中，从而降低水的澄清度。

（3）低浓度污水处理能力强。长期进水 BOD 低于 50 ~ 60mg/L 会影响活性污泥絮凝体的形成和增长，使净化能力下降，导致出水水质恶化。但是，生物膜法处理系统不受进水浓度低的限制，它可使 BOD 为 20 ~ 30mg/L 的污水降解到 5 ~ 10mg/L。

（4）运行简单、节能、易于维护管理。生物膜处理法中的各种工艺都是比较易于维护管理的，而且生物滤池、生物转盘等工艺都比较节省能源。

（5）产生的污泥量少。这是生物膜处理法各种工艺的共同特性，并已为实践所证实。一般来说，生物膜处理法产生的污泥量较活性污泥处理系统少1/4左右。

（6）在低水温条件下，也能保持一定的净化能力。由于生物膜相的多样化，在低水温条件下，生物膜仍能保持较为良好的净化能力，温度的变化对它的影响较小。

（7）具有较好的硝化与脱氮功能。生物膜的各项工艺具有良好的硝化功能，如果采取的措施适当，还有脱氮功能。

（8）投资费用较高。生物膜法需要填料和支撑结构，投资费用较高。

（三）膜分离技术在含油污水处理中的应用

膜分离技术在处理含油污水方面具有诸多优点。首先，其最显著的优势之一是无含油污泥产生。这意味着在处理过程中不会形成含油污泥，而处理后的浓缩液可直接进行焚烧处理。其次，该技术具有低能耗的特点。整个处理过程具有较低的能源消耗，大大降低了运行成本，符合节能减排的要求。再次，膜分离技术具有较高的稳定性，不会受污水中油分浓度波动的影响。最后，该技术的设备简单易操作，分离装置简单、操作方便、易于维修，这为其在各个领域的应用提供了广阔的前景。

这项工艺专注于处理含油污水，采用初级缓冲消毒和催化氧化处理有机物和石油类物质。通过使用不同孔径等级的分离膜进行一次和二次分离，有效地清除污水中的大颗粒物质。最终目标是使经过处理的含油污水达到可回用标准或符合排放标准，达到环境友好和资源可持续利用的双重目的。

含油污水中污染物的去除过程：

第一步：预处理。为了消除微生物和有害物质的存在，采用了缓冲消毒的方法，利用臭氧发生器生成无二次污染的臭氧。这种臭氧被通入含油污水中，杀灭微生物，并有效隔绝可燃气体进入后端设备。在此过程中，油水混合物形成油层或油膜，使油滴直径增大至大于100 μm，从而油悬浮变成较大的油珠，直径为10 ~ 100 μm。

第二步：一次分离。采用微滤膜来分离直径为0.02 ~ 10 μm的微生物、微离子以及乳化油。微滤膜具有较大的通量，可作为超滤膜和纳滤膜的预处理。超滤膜能有效分离蛋白质、病毒、胶体等大分子物质，并去除溶解油的存在，进一步提高油水分离的效率。

第三步：催化氧化。采用催化氧化技术来实现高强度氧化，以确保残留的有机物得到有效去除。这一步骤采用臭氧作为氧化剂，与碳氢化合物反应，生成无二次污染的二氧化碳和水。

第四步：二次分离。采用纳米膜进行二次分离的主要目的是浓缩除盐。这一步骤针对前端分离出的水未达到排放标准的情况，属于附加流程。纳米膜的平均孔径为 1 ~ 2nm，其分离性能介于超滤和反渗透之间。因此，纳米膜主要用于分离低分子物质，例如抗生素、无机盐以及小分子有机物等。

第五步：定期排泥除油。采用膜分离技术能够产生极少的泥沙。一般来说，每 2 ~ 3 个月进行一次集中排泥除油的操作。

总结起来，膜分离技术作为一种有效的分离手段，不仅可以处理含油污水并使之达到排放标准，同时能够节约能源并回收有用物质。然而，需要注意的是，单一的膜分离技术难以解决含油污水处理中的所有问题。因此，应该与其他处理技术相结合，发挥不同技术的优势来达到最佳处理效果。

第三节　油田污水处理用剂

污水处理是为了解决污水中的固体悬浮物、原油以及腐蚀、结垢和细菌繁殖等问题。为了解决这些问题，通常需要采用化学剂，即污水处理剂。污水处理的主要目的包括除油、除氧、除固体悬浮物、防垢、缓蚀和杀菌。污水处理剂涵盖了除油剂、除氧剂、絮凝剂、防垢剂、缓蚀剂和杀菌剂等种类。

一、污水的除油剂

油在水中以油珠形式存在，表面带有负电荷，形成了扩散双电层。除油剂的作用就是使这些油珠易于聚并、上浮，并最终在除油罐（沉降罐）中被移除。除油剂主要分为两类：一类是阳离子型聚合物，它们与油珠表面的负电性发生中和反应，并桥接油珠，促使其聚并；另一类是有分支结构的表面活性剂，它们削弱了油珠表面的吸附膜保护作用，使油珠更易于聚并、上浮，从而与污水分离。

二、污水的除氧剂

污水中的溶解氧会增加金属的腐蚀，因此应该将其脱除。一般用加热、气提或抽真空等方法脱除水中的溶解氧，但最常用的方法是使用除氧剂。能除去水中溶解氧的化学剂称为除氧剂。除氧剂都是还原剂，可以亚硫酸盐、甲醛、联氨、硫脲、异抗坏血酸等作为除氧剂除氧。

三、污水中固体悬浮物的絮凝剂

污水中的固体悬浮物主要是黏土颗粒。由于黏土颗粒表面带负电，它们互相排斥，不易聚并、下沉，因此不易除去。

可用絮凝的方法除去污水中的固体悬浮物，能使污水中固体悬浮物形成絮凝物而下沉的物质称为絮凝剂。

絮凝剂可分为无机絮凝剂、高分子絮凝剂、微生物絮凝剂和复合絮凝剂。

（一）无机絮凝剂

无机盐类絮凝剂是水处理领域中常用的净化剂，主要分为铝盐絮凝剂和铁盐絮凝剂两大类。铝盐絮凝剂包括硫酸铝、铝酸钠、聚氯化铝、聚硅硫酸铝等，其中硫酸铝作为最早、最常用的铝盐絮凝剂，因使用便利和效果明显而备受青睐。铝盐絮凝的机理主要涉及水解过程中产生的中间产物与水中的不同阴离子和负电溶胶形成聚合体，即 Al^{3+} 水解生成 $Al(OH)_3$ 胶体，从而吸附水中的杂质，以达到絮凝的目的。铝盐在运用过程中主要受药剂投加量、

pH 及颗粒物表面积、浓度等参数的影响。铝盐作为一种有效的絮凝剂，在饮用水处理中占有重要地位，但其 pH 值适用范围较窄，一般为 5.5 ~ 8.0。

铁盐絮凝剂的种类更多，包括聚合氯化铁、液体聚合硫酸铁、氯化铁等。其机理主要是水解产物与水体颗粒物进行电中和、脱稳、吸附架桥或黏附网捕卷扫，形成粗大絮体。这些絮体的去除，实现了对水体的净化，从而达到净化水质的目的。常用的铁盐絮凝剂主要是三氯化铁水合物，极易溶于水，易沉降，处理低温水的效果比铝盐好。三氯化铁通过水解生成氢氧化铁胶体，从而吸附水中的杂质，以达到絮凝的目的。三氯化铁水合物作为絮凝剂的优点是适用 pH 值范围较广，一般为 5 ~ 11，但其水溶液亦具有较强的腐蚀性。

（二）高分子絮凝剂

高分子絮凝剂主要分为天然和无机两类。天然高分子絮凝剂主要包括壳聚糖、淀粉、纤维素等，它们通过改性可以提高絮凝效果。相较于无机高分子絮凝剂，天然高分子絮凝剂具有诸多优点，如丰富的原料来源、低制备成本、价格便宜、产泥量少以及可再生资源等。

淀粉磷酸酯和淀粉黄原酸酯也被证明是良好的絮凝剂。壳聚糖、甲壳素类絮凝剂在工业应用中得到了广泛推广，不仅能有效凝聚固体悬浮物，还能去除水中的色度和重金属离子，具有较为综合的水处理效果。

常用的无机高分子絮凝剂为聚合氯化铝，其有较大的分子量，对高浊度、高色度以及低温水都有较好的絮凝效果，且形成絮体快，颗粒大，易沉淀，投加量比硫酸铝低，适用的 pH 值范围较宽，一般为 5 ~ 9。

有机高分子絮凝剂在处理水质中的应用备受重视。其投加量通常较少，一般在 2% 以下，然而其效果却显著。生成的絮体大、强度大、不易破碎，且不会增加泥量。此外，这类絮凝剂还能降低热值，且无腐蚀性。常用的有机絮凝剂有聚丙烯酰胺、聚丙烯酸钠、聚氧乙烯、聚乙烯胺和聚乙烯磺酸盐等。其中，聚丙烯酰胺是最常见的一种，约占高分子絮凝剂的 80%。

聚丙烯酰胺在水中对胶粒有较强的吸附作用，其与铝盐或铁盐配合使用，絮凝效果显著。然而这一类絮凝剂由于存在一定量的残余单体——丙烯酰胺，不可避免地带来毒性，所以限制了它的应用。

（三）微生物絮凝剂

微生物絮凝剂是一种通过微生物技术制备的代谢产物，具有生物分解性和安全性，因而被广泛应用于水处理领域。其主要成分包括多种多聚糖类、蛋白质，或是由蛋白质和糖类形成的高分子化合物。这些微生物絮凝剂可从土壤、活性污泥和沉积物中获得，来源广泛。由于絮凝剂的分子量较大，一个絮凝剂分子可同时与多个悬浮颗粒结合，在适宜条件下迅速形成网状结构而沉积，从而表现出强的絮凝能力。微生物絮凝性能与分子结构、分子量、活性基团等多种内部环境因素有关，且受到外界环境因素如 pH 值、温度、离子种类、离子强度等的影响。微生物絮凝剂广泛应用于畜产废水的处理、染料废水的脱色、高浓度无机物悬浮液废水的处理、活性污泥沉降性能的改善、污泥脱水、浮化液的油水分离等方面。

（四）复合絮凝剂

复合絮凝剂是近年研制的新型絮凝剂，旨在弥补单一絮凝剂的不足。它的适用范围广，能有效处理不同浓度、颜色和类型的水质，且具有良好的脱污泥性能，适用范围覆盖广泛的 pH 值范围。然而，与微生物絮凝剂相比，复合絮凝剂的制备复杂，成本较高，可能存在二次污染风险，目前尚无工业化生产和使用的报道。

为了提高絮凝效果，有时需要加入一定量的助凝剂。助凝剂是能桥接在固体悬浮物表面上，加大絮凝颗粒的密度和质量，使它们迅速下沉的化学剂。常用的助凝剂有聚丙烯酰胺、部分水解聚丙烯酰胺、聚乙二醇、聚乙烯醇、羧甲基淀粉、羟乙基淀粉、羧甲基纤维素、羟乙基纤维素、瓜尔胶、羧甲基瓜尔胶、羟乙基瓜尔胶、褐藻胶等，这些水溶性聚合物都是线型聚合物，可通过吸附而桥接在颗粒表面，使其聚结在一起。

絮凝剂的选择主要取决于胶体和细微悬浮物的性质、浓度。絮凝剂和助凝剂存在最优浓度，该浓度下的絮凝剂溶液通常具有最佳效果。同时，应先加入絮凝剂，接触了固体颗粒表面的负电性，再加入助凝剂。阳离子型聚合物兼有混凝剂和助凝剂的作用，因此可单独使用。

四、污水的防垢剂

在油田投入生产过程中，一旦结垢，就会对生产造成诸多不利影响，必须进行清垢作业。因此，解决油田结垢对采油作业的危害，最好的办法是防患未然，预防结垢。目前，常用的方法主要有三种：化学方法、物理方法和机械方法。其中，化学方法（使用添加化学防垢剂防垢）的应用最广泛。

防垢剂的品种繁多，有的是单一组分，有的是由多组分复配而成的。油田常用防垢剂按分子结构可以分为无机磷酸盐防垢剂、聚合物防垢剂和有机磷防垢剂。

（一）无机磷酸盐防垢剂

无机磷酸盐防垢剂主要包括六偏磷酸钠、三聚磷酸钠等。其使用浓度往往只需几毫克每升，即可高效防止垢的形成，具备显著的防垢效果。

在水中，无机磷酸盐倾向于水解成正磷酸盐，这一水解趋势受到水的温度和 pH 值的影响。一般而言，随着温度和 pH 值的升高，水解率相应增加。适宜的使用条件为：水温为 40 ~ 50℃、pH 值为 7.0 ~ 7.5。然而，由于其具有水解作用，无机磷酸盐防垢剂的应用受到一定范围的限制。因此，在实际应用中，需综合考虑水质特性和工艺要求，谨慎选择防垢剂类型及使用条件。

（二）聚合物防垢剂

油田聚合物防垢剂是一类具有多种特点和功能的化学品，其设计用途在于防止管道和设备表面的垢积物形成，维护油田设备的正常运行。首先，这些防垢剂不水解，也不会产生沉淀物，这意味着它们在使用过程中不会降解或形成固体残留物，有助于维持系统的清洁和稳定。其次，它们不受温度等外部条件限制，能够在不同温度环境下发挥作用，这为广泛的应用场景提供了便利。此外，油田聚合物防垢剂的结构多样，含有多种防垢基团，如酯基、磺酸基、磷酸基或羟基，使得它们具有多元功能，不仅能抑制碳酸钙垢的形成，还能阻止其他类型的垢积物如磷酸钙、硫酸钙、硫酸钡，同时能分散氧化铁和黏土，某些甚至具有防腐、杀菌功能。

常用的油田聚合物防垢剂包括聚丙烯酸（PAA）、聚甲基丙烯酸（PMA）、水解聚马来酸（HPMA）、马来酸 / 丙烯酸（MA/AA）、丙烯酸 / 丙烯酸羟丙酯（AA/HPA）、马来酸 / 磺化苯乙烯（SS/MA）、马来酸 /丙烯酸甲酯 / 醋酸乙烯酯、丙烯酸 /2- 丙烯酰胺 -2- 甲基丙基磺酸（AA/AMPS）、磷基聚马来酸酐（PPMA）、磷酰基羧酸（POCA）、聚天冬氨酸（PASP）等。

PASP 作为油田聚合物防垢剂之一，具有独特的特点与应用。它被认为是绿色阻垢剂，具有优异的阻垢分散性和可生物降解性，因此被广泛用于绿色聚合物和水处理剂的更新换代产品中。在油田中，PASP 不仅有广泛的应用，还有较大的发展空间，其环保特性和有效性使其备受青睐。不同聚合物防垢剂的作用有所不同。以 PAA 为例，它主要用于分散碳酸钙、硫酸钙等盐类微晶或泥沙；而 HPMA 则具有晶格畸变和阈值效应，适用于高温条件下的阻垢和缓蚀；POCA 则是一种既能阻垢又能缓蚀的多功能药剂，具有很高的钙容忍度。这些不同的作用特点使得在不同的使用场景中，可以根据具体需求选择合适的聚合物防垢剂，以达到最佳的防垢效果。

（三）有机磷防垢剂

有机磷防垢剂在防止垢积过程中展现出了显著的效能，并且当与其他防垢剂复配使用时，更是呈现出协同效应，其防垢效果远超简单叠加的效果。这种效果的实现源于有机磷防垢剂分子结构的复杂性。通常而言，有机磷防垢剂主要分为有机磷酸、有机磷酸盐、有机磷酸酯三大类，每一类都包含多种亚类。例如，有机磷酸防垢剂包括亚甲基磷酸型、同碳二磷酸型、羧基磷酸型等，而有机磷酸盐则包括乙撑二胺三亚甲基磷酸钾、氨基三亚甲基磷酸锌等，有机磷酸酯则涵盖聚氧乙烯基磷酸酯、氨基亚甲基磷酸酯等。

在油田领域，常用的有机磷酸型防垢剂包括氨基三亚甲基磷酸（ATMP）、乙二胺四亚甲基磷酸（EDTMP）、二乙烯三胺五亚甲基磷酸（DTPMP）、羟基乙基二磷酸（HEDP）、2- 磷酸基丁烷 -1，2，4- 三羧酸（PBTCA）、2- 羟基磷基乙酸（HPA）、多氨基多醚基亚甲基磷酸（PAPEMP）、

3- 羟基 -3- 磷酰基丁酸（HPBA）等。

有机磷酸类防垢剂的历史发展可追溯至 20 世纪 60 年代，当时 ATMP 和 HEDP 问世，并至今在水处理领域得到广泛应用。自 20 世纪 80 年代开始，有机磷羧酸类防垢剂的问世标志着防垢技术的重要进步，其中 PBTCA 以在苛刻条件下的出色表现备受瞩目。20 世纪 90 年代，大分子有机磷酸 PAPEMP 的推出更加深了人们对防垢剂的认识。PAPEMP 的相对分子质量约为 600，因此具有高钙容忍度和良好的防垢分散性能，为防垢技术的发展提供了新的方向。

含磷防垢剂在防垢领域中占据重要地位，其单剂应用效率高，而在复合配方中更显协同或增效作用。然而，尽管其在工业应用中的效果显著，但含磷化合物对环境构成了潜在的威胁，这引发了人们对环保的关注和意识的提高。因此，未来防垢剂的发展趋势将朝着无磷或限制磷的绿色环保方向发展，以满足环境保护的需要，并形成更可持续的生产和使用模式。

五、污水的缓蚀剂

缓蚀剂是一种能够有效降低金属在腐蚀介质中腐蚀速率的物质。其用途广泛，涵盖酸碱中性溶液、有机溶剂、土壤、大气等不同环境，为各行业提供了可靠的腐蚀控制方案。在油田中，缓蚀剂的使用尤为常见，其能有效控制腐蚀速率、延长设备维修周期、保障设备运转、提高设备安全性和经济效益。相较于其他腐蚀控制方法，添加缓蚀剂操作简单、价格低廉、效果明显，因而备受青睐。

由于金属在电解质中的腐蚀是电化学的阳极过程和阴极过程同时进行的结果，缓蚀作用的实质是使阳极过程或阴极过程减缓下来。缓蚀剂广泛应用于各种金属设备，如工业冷却系统、精馏系统、酸碱系统、管道、存储器、锅炉等。

（一）根据化学成分分类

有机型缓蚀剂和无机型缓蚀剂是将缓蚀剂按照化学成分进行划分而形成

的两类缓蚀剂。

过去使用的有机缓蚀剂为相对分子质量低的胺类，近年来在弱酸性和中性溶液中防腐蚀常采用亲油基大的表面活性剂，主要包括：胺及其衍生物，如单胺、二胺、烷基醇酰胺、松香胺、十八酰胺环氧乙烷加成物、季铵盐、胺皂等；含氮环状化合物，如咪唑啉衍生物；两性化合物，如酰基肌氨酸；硫脲衍生物，如1,3-二乙基硫脲、1,3-二苯基硫脲等。

无机缓蚀剂分为阴离子型和阳离子型两类。阴离子型缓蚀剂的作用离子包括NO_3^-（NO_2^-）、CO_3^{2-}、CrO_4^{2-}、（$Cr_2O_7^{2-}$）、MoO_4^{2-}、PO_4^{3-}、S^{2-}、Br^-、I^-、AlO_2^-、SCN^-等。这些离子能够发挥缓蚀作用，有效防止金属表面的腐蚀。而阳离子型缓蚀剂的作用离子则包括Cu^+、Sb^{3+}等，同样具有缓蚀作用，能够保护金属免受环境中的腐蚀侵害。

（二）根据阴阳极抑制作用分类

油田水处理中常使用酸洗工艺处理水，其主要成分是电解质溶液。当腐蚀介质为电解质溶液时，电化学腐蚀是主要机制。根据基础电化学反应原理，被腐蚀金属表面同时发生阴极还原和阳极氧化两个过程。根据对阴极还原和阳极氧化的抑制作用可将缓蚀剂分为以下几种：

1. 抑制阳极氧化型缓蚀剂

抑制阳极氧化型缓蚀剂的缓蚀机理主要表现在两个方面。首先，该类缓蚀剂会导致金属表面形成一层钝化膜，这阻碍了金属阳离子向腐蚀介质的扩散，从而减缓了金属的腐蚀速度。其次，缓蚀剂可能在阳极区域吸附，减少了阳极与腐蚀介质接触的表面积，进而抑制了腐蚀的进行。

理论上说，这些机制导致了阳极极化被增强，自腐蚀电位朝正方向移动，腐蚀电流密度减小，最终达到了缓蚀效果。

2. 抑制阴极还原型缓蚀剂

抑制阴极还原型缓蚀剂的机理则着重于阴极区域的作用。这类缓蚀剂会使阴极表面形成钝化膜或吸附缓蚀剂分子，减少了与腐蚀介质的接触，并增强了阴极极化。因此，自腐蚀电位朝负方向移动，降低了腐蚀的发生率，达到了缓蚀的效果。

3. 混合型缓蚀剂

混合型缓蚀剂则兼具了上述两种缓蚀机理的特点。其具有一定的表面活性，并能在阴极和阳极区域同时发生吸附作用。因此，混合型缓蚀剂既可以减少阴极和阳极与腐蚀介质的接触面积，又能够促进极化的发生。这样的特性使得自腐蚀电位的变化不会太大，但富集电流密度会显著下降，从而达到了较好的缓蚀效果。

（三）根据成膜类型分类

缓蚀剂通过在金属与腐蚀介质接触面上形成保护膜实现其主要作用机理。这一薄膜的形成有效地阻止了金属与腐蚀介质直接接触，从而达到缓蚀的效果。根据成膜类型的不同，可将缓蚀剂分为以下几种：

1. 氧化膜型缓蚀剂

氧化膜型缓蚀剂是通过氧化作用形成一层致密的保护膜，这有助于减缓金属表面的腐蚀速度。这种保护膜被认为是一种钝化膜，因为它们促进了金属的阳极钝化过程。

重铬酸盐（如 $Na_2Cr_2O_7$、$K_2Cr_2O_7$）属于这类缓蚀剂，它通过氧化反应产生 Cr_2O_3 和 Fe_2O_3：

$$Cr_2O_7^{2-} + H_2O \longrightarrow 2H^+ + 2CrO_4^{2-}$$

$$CrO_4^{2-} + 3Fe(OH)_2 + 4H_2O \longrightarrow Cr(OH)_3 + 3Fe(OH)_3 + 2OH^-$$

$$2Cr(OH)_3 \longrightarrow Cr_2O_3 + 3H_2O$$

$$2Fe(OH)_3 \longrightarrow Fe_2O_3 + 3H_2O$$

这些氧化物在钢铁表面形成铁—氧化铁—铬氧化物的钝化膜，以控制钢铁腐蚀。

钼酸盐（如 Na_2MoO_4）也属于这类缓蚀剂。在有溶解氧的条件下，它可使钢铁表面形成铁—氧化铁—钼氧化物的钝化膜，从而起缓蚀作用。

属于这类缓蚀剂的还有亚硝酸盐（如 $NaNO_2$、NH_4NO_2）、钨酸盐（如 Na_2WO_4）、钒酸盐（如 NH_4VO_3）、硒酸盐（如 Na_2SeO_4）、锑酸盐（如 Na_3SbO_4）、乙酸盐（如 CH_3COONa）、苯甲酸盐、甲基苯甲酸盐、水杨酸盐等。

2. 沉淀膜型缓蚀剂

沉淀膜型缓蚀剂是通过在腐蚀电池的阳极或阴极表面上形成沉淀膜而起

缓蚀作用的。硅酸钠可在阳极表面上与腐蚀产物 Fe^{2+} 反应，形成硅酸铁沉淀膜，从而起缓蚀作用：

$$Fe^{2+} + Na_2O \cdot mSiO_2 \longrightarrow FeO \cdot mSiO_2 + 2Na^+$$

硫酸锌可在阴极表面上与电池反应所产生的 OH^- 反应，形成氢氧化锌沉淀膜，从而起缓蚀作用：

$$Zn^{2+} + 2OH^- \longrightarrow Zn(OH)_2 \downarrow$$

此外，氢氧化钠、碳酸钠、磷酸二氢钠、磷酸氢二钠、磷酸三钠、六偏磷酸钠、三聚磷酸钠、葡萄糖酸钠、次氮基三亚甲基膦酸钠（ATMP）、乙二胺四亚甲基膦酸钠（EDTMP）、次乙基羟基二膦酸钠（HEDP）等都属于这类缓蚀剂。

3. 吸附膜型缓蚀剂

吸附膜型缓蚀剂是通过在腐蚀电池的阳极表面和阴极表面上形成吸附膜而起缓蚀作用的。吸附膜的形成过程存在化学吸附，所以吸附力强、覆盖面积比较全面但不厚。

污水缓蚀剂通常也是复配使用的。

六、污水的杀菌剂

在油田注水中，由于细菌的存在，将引起设备、管道的腐蚀和堵塞地层。危害最大的是硫酸盐还原菌，这是一种在厌氧条件下使硫酸盐还原成硫化物，而以有机物为营养的细菌。此外，还有腐生菌，产生黏液与铁细菌产物一起附着在管壁上，造成生物垢。少量加入就能杀死细菌的物质称为杀菌剂。

防止细菌繁殖最容易的方法是合理地使用杀菌剂。杀菌剂分为无机氧化型杀菌剂（如氯气）和有机非氧化型杀菌剂（如季铵盐类）。

（一）氧化型杀菌剂

氧化型杀菌剂是一类通过氧化作用来杀菌的化学物质。它的作用机制主要是通过在水中分解出新生态氧 [O]，产生强烈的氧化作用，从而破坏微生物细胞结构或氧化细胞内的活性基团，从而达到杀菌的效果。这些杀菌剂一般都是较强的氧化剂，能产生次氯酸、原子态氧等物质，通过氧化微生物内部的酶来杀灭微生物。典型的代表包括氯气、次氯酸盐、二氧化氯、臭氧以及过氧化氢等。

1. 氯气杀菌

在氧化型杀菌剂中，氯气是早期油田注水中常用的杀菌剂。它具有诸多优点，如来源丰富、价格低廉、使用方便、作用快速等。此外，氯气还能清除管壁上附着的菌落，防止管道垢下的腐蚀，并且对环境的污染较小。然而，氯气也存在一些缺点，比如药效维持时间短等。此外，在碱性和高 pH 条件下，需要大量使用氯气，这容易导致生成毒性氯氨，进而造成环境污染。因此，目前氯气的使用已经相对较少，人们更倾向于寻找其他更加环保的物质来替代其在杀菌领域的应用。

氯气杀菌是通过它在水中产生次氯酸（HClO）起作用的：

$$2Cl_2 + 2H_2O \longrightarrow \underset{(\text{次氯酸})}{2HClO} + 2HCl$$

次氯酸不稳定，可分解：

$$HClO \longrightarrow [O] + HCl$$

该反应产生的原子态氧，起氧化杀菌作用。

2. 次氯酸钠杀菌

次氯酸钠成熔融状态，它是一种不稳定的化合物，其有效氯含量一般需在使用时测定。次氯酸钠可用次氯酸钠电解发生装置在现场制取后直接使用。次氯酸钠的投加方式，可根据处理水量以及水处理工艺等情况选定。

3. 二氧化氯杀菌

二氧化氯是一种介于氟和臭氧之间的氧化剂和消毒剂。相比氯，它具有更强的杀菌能力和更稳定的剩余量，能有效控制水的色度和嗅味。此外，与水中有机物反应时产生的氯化有机物量较少甚至不产生。因此，二氧化氯杀菌消毒在欧洲、美国的水厂中的应用逐年提高，有取代氯杀菌消毒的趋势。

二氧化氯被认为是一种广谱型消毒剂，对水中的病原微生物具有高效的杀灭作用，包括病毒、芽孢、异养菌、硫酸盐还原菌和真菌等。

二氧化氯对水处理系统中的沉淀、澄清、过滤设备以及配水管网中的藻类异养菌、铁细菌、硫酸盐及还原菌等，都有较好的祛除杀灭效果，投加二氧化氯将有利于水处理设施的运行和维护。

稳定的二氧化氯在油田的解堵应用中，依靠较强的氧化能力和杀菌能力可消除诸类堵塞，实现原油天然气的增产，提高采收率。

4. 臭氧灭菌

臭氧灭菌的过程属于生物化学反应，具有以下三种形式：

（1）臭氧氧化分解了细菌内部氧化葡萄糖、氧化酶。

（2）臭氧直接与细菌、病毒作用，破坏其细胞壁 DNA 和 RNA，分解大分子聚合物，从而破坏了其生存和繁殖的基础。

（3）臭氧渗透细胞膜组织，导致细胞溶解死亡，使内部结构溶解变性灭亡。这些作用使臭氧灭菌成为溶菌灭菌中最彻底的一种方式。然而，臭氧不会对健康细胞造成伤害，因为健康细胞具有强大的平衡酶系统，能够有效抵御臭氧的侵害。

臭氧具有的强氧化性，有四大功用：灭菌、氧化、脱色、除味。

臭氧灭菌具有广谱性、高效性、环保性且操作方便、使用经济、性能稳定、寿命长。

（二）非氧化型杀菌剂

这类杀菌剂按主要作用可再分为吸附型杀菌剂和渗透型杀菌剂。吸附型杀菌剂是通过吸附在细菌表面，影响细菌正常的新陈代谢而起杀菌作用的。由于细菌表面通常带负电，所以季铵化合物是特别有效的吸附型杀菌剂。渗透型杀菌剂能渗入细菌的细胞质中，破坏菌体内的生物酶而起杀菌作用。杀菌剂多复配使用，复配杀菌剂的效果超过单一杀菌剂的效果。

长期使用同一种杀菌剂会使细菌逐渐产生抗药性，因此建议采用交替使用的方式。

初期使用时应该使用较高浓度的杀菌剂以迅速控制细菌数量，随后逐渐转为较低浓度以维持杀菌效果。

在投放方式上可选择连续或间歇投放。连续投放时，通常浓度保持在 10 ~ 50mg / L，而间歇投放时则浓度一般为 100 ~ 200mg / L。

第四节　污水处理自动化工艺

目前，环境保护已被广泛认识为每个人的责任。这种意识的增强推动了工厂污水处理技术的不断进步。工厂采用各种先进技术，如生物膜反应器、超滤技术等，有效地处理污水，以满足日益严格的环保标准。这一进步得到了政府政策的支持，政府不断提高污水处理的标准，促使工厂采用更为环保的技术和设备。然而，随着环保要求的不断提高，传统的污水处理方式已不能满足严苛的环保标准。因此，自动化控制技术成为热门话题。

自动化控制技术能够准确、快速地处理污水，但其复杂性也随之增加。自动化控制系统涉及的物理量众多，控制方式多样，最终控制对象包括 COD_{Cr}、BOD5、SS 和 pH 等多个参数。为了应对这种复杂性，综合控制的要求也不断增加。现今的污水处理系统需要综合考虑处理设备状态、进排泥量、处理时间、加药量等各种参数，以保证处理效果的稳定和达标。系统发展经历了从简单逻辑控制到复杂分散控制的阶段。这一发展过程增强了系统的开放性、适应性、经济性和扩展性，使其能够更好地适应不断变化的环境保护要求和工业生产需求。

一、污水处理的自动控制

污水处理自动控制能提高污水处理效率和可靠性、节省人力和运行费用、改善作业环境等。由于处理设施的规模、设备及其他各种条件存在差异，污水处理的自动化程度也大不相同，一般可分为单独控制、联动控制和自动控制三种方式。

第一，单独控制：用位于现场的操作装置单独地手动控制每个设备。在小型污水处理厂中，经常采用这种控制方式。此外，作为联动控制和自动控制的备用和试运行时的调试也常采用这种控制方式。

第二，联动控制：一旦运行操作开始，其后的一系列操作都按预先确定的运行顺序，依次自动地启动或停止的控制方式。

第三，自动控制：操作人员不介入具体的操作，自动控制系统根据水位、流量、压力、水质等信号，自动地进行启动与停止、打开与关闭、加大与减小、加速与减速等操作的控制方式。

自动控制多指具有监测和校正装置的反馈控制。但是，关于自动控制的更广泛的定义是“能用控制设备自动实施的控制”，不仅反馈控制，顺序控制和前馈控制也属于自动控制。

二、水质参数的在线监测

在线监测功能是自动控制系统的重要功能之一，借助该功能，动态的工艺流程图都可以在中控室的计算机屏幕上显示，而且现场设备的运行状态、工艺参数和监测仪器的一些重要的变化数据也可以清晰地显示在子站接口上。可以很方便地利用鼠标和键盘，根据设备的运行状态进行干预。

水质是污水处理工程中最重要的参数之一，当污水用于回注时需要分析的项目包括固体悬浮物粒径、pH、浊度、溶解氧、细菌总数、阴阳离子组分、含油、含铁和腐蚀率等，其中大部分参数都是在实验室通过手工分析完成的。在实际使用中常用的在线测量参数包括 pH、浊度、溶解氧、含油、含铁和腐蚀率等。

（一）pH 测量

pH 是用来表示溶液的酸碱性的参数，它反映的是溶液中 H^+ 和 OH^- 的浓度。当溶液中的 H^+ 和 OH^- 的浓度相等时，溶液呈中性，其 pH 为 7；当 H^+ 浓度高于 OH^- 浓度时，溶液呈酸性，其 pH 小于 7；当 OH^- 浓度高于 H^+ 浓度时，溶液呈碱性，其 pH 大于 7。

pH 计是用来测量 pH 的专用仪表，pH 的测量通常采用电位法。测量电极上有特殊的、对 pH 反应灵敏的玻璃触头，当玻璃触头和溶液中的 H^+ 接触时就产生电位。电位是通过与参比电极对照得出的。

实际上电位只取决于 E4，因为其他电位是常数或可以抵消，所以 pH 计测量的是电极与被测介质之间的电位，由此电位就可以得出被测介质的 pH。

将测量电极和参比电极组合在一个外壳中，就形成了复合电极。复合电极在安装和使用中较方便，因此在污水处理中大多采用复合电极。

由于 pH 计的工作受许多因素的影响，在实际使用中其检测精度会随使用时间的长短发生改变，因此，生产运行中的 pH 计需要经常校准。

（二）浊度检测

浊度是反映液体中的固体或液体颗粒含量的技术指标。常用的测量方法是利用固体或液体颗粒能散、反射以及吸收光线的特性。在中等和高浊度的液体中，常采用的是吸收法，通过测量光线穿透颗粒或光线向前散射的衰减量来计算出结果。在低浊度液体的测量中，常采用的是散射法，通过检测光线 90° 散射的读数来计算出结果，它具有灵敏度高的特点。

除了 pH、浊度外，有些油田的污水处理站还对其他一些参数如溶解氧、油分、腐蚀率、机械杂质、滤膜系数进行了在线测量，并且取得了一些成果。例如，中国船舶工业总公司第七二五研究所研制的一种油田水质检测系统，通过工业控制计算机控制，可以自动完成对温度、pH、溶解氧、机械杂质、硫化物、油分、三价铁、腐蚀率、颗粒直径、滤膜系数等一系列指标的监测，在一些污水处理站进行应用并取得了较好的应用效果，但总体来说大部分的在线水质检测参数仅作为随机观察，适当调整污水处理设施运行参数的参考，确切的定量水质检测参数还是以在实验室通过化验的手段来完成的检测数据为准。

三、加药过程自动化

加药过程的控制方式多样化，主要包括手工调节和工业控制计算机两种。手工调节依赖操作员经验和直接观察，自动化程度低。相比之下，工业控制计算机通过程序计算实现加药量的自动调节，提高了生产效率和精确度。自动调节方式可分为流量控制、pH 控制以及流量和 pH 两个参数联合控制等方法。

（一）根据流量控制

也称比值调节系统。比值调节系统是一种用于控制流量的调节系统，其核心思想是保持两个变量之间的比例恒定。例如，在处理污水时，加药量与污水流量之间的比例是至关重要的。通常情况下，该比例的值是通过化验和经验手工设定的，以确保适当的处理效果。然而，这种手动设置的方法存在一定的局限性，特别是在应对来水水质变化时会引起误差，从而影响控制系统的精度。

（二）根据 pH 控制

pH 控制采用了闭环 PID 调节回路。这种调节回路通过监测加药后污水的 pH 值，并将其反馈给计算机系统，然后与预设的 pH 值进行比较，根据 PID 控制算法来调节加药量，从而实现对水质的控制。闭环调节回路具有较好的抗干扰性和高控制精度，能够有效地应对水质变化带来的挑战。然而，尽管闭环 PID 调节回路在理论上具有很高的精度和鲁棒性，但在实际应用中仍然存在一些问题。其中一个主要问题是药剂加入后需要在混凝器中充分反应的时间滞后性。这意味着在加药和 pH 测量之间存在一定的时间延迟，尤其是当来水水量和水质波动较大且快速时，PID 控制回路可能无法正确地捕捉和调节这些变化，从而导致水质波动和加药控制不协调的情况发生。

（三）根据流量和 pH 两个参数联合控制

为了克服油田污水处理系统中两种控制方式的缺点，一些工程技术人员展开了大量实验和分析。他们采用了配比算法来控制药剂的加入量与污水的流量，确保了加药量与来水流量成比例，从而解决了来水流量变化引起的加药量偏差的问题。然而，他们也发现，采用固定比例因子 K 计算加药量时无法应对来水水质变化引起的加药量变化，因此必须采用变比例因子 K。为了应对这一挑战，在混凝罐出口设置了 pH 检测点，通过 PID 算法运算调节比例因子 K，实现对加药量的精确调节。这样的调节能够确保处理后的污水 pH 达到标准要求，从而提高了处理系统的效率和稳定性。

四、过滤反冲洗工艺过程自动化

滤罐由过滤状态进入反冲洗状态以及从反冲洗状态回到过滤状态的过程中，需要控制滤罐上的6个阀门按照一定的顺序和规律打开和关闭。例如，一个滤罐反冲洗程序开始后，应先将过滤流程的进水和出水阀关闭，然后打开反洗进出水阀，同时启动反冲洗泵，开始反冲洗；反冲洗过程完成后，应关闭反冲洗流程的进出水阀门，停止反冲洗泵运转。继而将排水阀和排气阀打开，使滤罐上部的污水排出，经过一定的时间后，将排水阀关闭，排水过程完成后，打开过滤罐进水阀补水，补水完成后关闭排气阀，打开过滤罐出水阀，使过滤罐返回到过滤工艺流程。

一般来说，污水处理站中都是由若干座压力滤罐并联运行，反冲洗水流量是按一座罐来考虑的，即同一时间只能有一座滤罐进行反冲洗，所以不仅要考虑一座罐上的阀门的动作顺序，还要考虑所有压力滤罐的反冲洗的顺序。

压力滤罐的控制方式较为复杂，可以采用自动控制。自动控制是根据预先设定的时间间隔及控制顺序，自动完成所有操作，可以不需要操作人员的干预。例如，设定每8小时或12小时进行一次反冲洗，只要在控制盘上将定时器设定为8小时或12小时，并设定好要反冲洗的滤罐序号即可。

第六章　油田含油污泥处理技术

在石油开采、储运及炼制加工过程中，常产生一些含油量较高的油泥，这些油泥如果任意堆放，将成为油田及周边环境的重要污染源。“石油进入土壤后难以去除，残留时间长，使土壤中碳源大量增加，导致土壤中碳氮比失调和酸碱度的变化，破坏土壤结构，影响土壤的疏松程度和通气状况，对土壤自身的微生物和土壤植物生态系统产生危害。”由于含油污泥的种类、性质及油田环境存在差异，采取的处理措施也不尽相同，研究油田含油污泥处理技术具有重要意义。

第一节　油田含油污泥的特性分析

一、含油污泥的定义、组成及性质

（一）含油污泥的定义及来源

含油污泥，简称油泥，指混入原油、各种成品油、渣油等重质油的污泥，是油田开发、运输、炼制过程中产生的主要污染物之一，是原油采出液带到地面的固体颗粒（砂岩、石灰岩等含油层的细小岩屑、黏土或淤泥）和容器内物质的反应生成物。含油污泥主要分为原油开采产生的含油污泥、油田集输过程产生的含油污泥、炼油厂污水处理工艺产生的含油污泥。

1. 原油开采产生的含油污泥

含油污泥的主要来源是原油开采的地面处理系统，包括采油污水处理过程中形成的含油污泥，以及污水净化处理过程中投加的净水剂形成的絮体、设备及管道腐蚀产物和垢物、细菌（尸体）等。这些污泥通常具有油含量高、黏度大、颗粒细、脱水困难等特点。它们的存在会影响原油质量，导致注水水质和外排污水难以达标。

2. 油田集输过程产生的含油污泥

油田集输过程产生含油污泥源于多个方面。首先，在油田接转站和联合站中，油罐、沉降罐、污水罐、隔油池等处积聚的底泥中含有大量的油分。其次，炼厂含油水处理设施、轻烃加工厂、天然气净化装置等在处理原油和天然气时会产生油砂、油泥等含油废物。再次，钻井和作业管线穿孔会导致部分原油和含油废泥落地而产生油泥。最后，油品储罐在储存油品时，由于油品中含有少量的机械杂质、砂粒、泥土、重金属盐类以及石蜡和沥青质等重油性组分，这些物质会沉积在油罐底部，形成罐底油泥。

3. 炼油厂污水处理工艺产生的含油污泥

含油污泥是油田环境污染的重要来源之一，其主要来源包括三个方面：首先是浮选池投加絮凝剂气浮产生的浮渣，其次是隔油池沉积的油泥，最后是曝气生化原油罐底的剩余活性污泥，合称为“三泥”。这些污泥的组成极为复杂多样，其含油率为 10% ~ 50%，含水率则为 40% ~ 90%，同时伴随一定量的固体杂质。其性质表现为极其稳定的悬浮乳状液体系，水合和带电性使其形成稳定的分散状态，颗粒间相互排斥而非相互吸引，因此黏度大，难于脱水处理。

随着时间的推移，由于进厂原油性质的变化，“三泥”积累得越来越多。油水严重乳化的现象加剧了含油污泥的积累程度，导致油田环境污染严重恶化。因此，解决含油污泥所带来的环境问题已成为当务之急。

（二）含油污泥的组成及性质

含油污泥是由石油烃类、胶质、沥青质、泥沙、无机絮体、有机絮体以及水和其他有机物、无机物牢固黏结在一起形成的乳化体系。它属于危险固体废物，污泥含油量高，一般为 10% ~ 50%，含水率为 40% ~ 90%，砂土含量为 55% ~ 65%，密度约为 1.6t/m^3，孔隙率约为 40%。阮宏伟等提出，污水处理过程中经板框压滤后产生的油泥含油率为5.3%，含水率为80.2%，无机矿物质含量高；清罐过程中产生的油泥性质波动较大，泥沙含量较高，含油率普遍高于10%。含油污泥的黏度大，脱水难，是黑色黏稠状的半流体，且成分复杂。它不仅含有大量老化原油、沥青质、蜡质、胶体、细菌、固体悬浮物、盐类、腐蚀性产物、酸性气体等，还包括在生产过程中加入的缓蚀剂、凝聚剂、杀菌剂、阻垢剂等水处理剂，以及Fe、Cu、Hg、Zn等重金属，苯系物、酚类等有机物，是石油行业主要的污染源之一。

二、含油污泥处理的意义和必要性

油泥作为含有数百种有毒有害化合物的废弃物，其中包括苯、多环芳烃等，这些化合物具有“三致”效应，被美国环保署列为优先污染物，而我国也将其列入《国家危险废物名录》。每年我国产生近百万吨油泥，加上石油化工产生的“三泥”，总量更大。油泥主要堆积在油田的联合站，这种堆积导致土壤污染，进而影响了油田的正常生产和工人的健康。

处理油泥及相关污染土壤已成为紧迫的科技问题。未及时处理的含油污泥会对生产区域和周边环境造成诸多不良影响。一是油气挥发会导致空气质量超标，各种正烷烃、支链烃、环烷烃会引起呼吸系统和中枢神经系统疾病，油泥中有毒重金属（如镍、铬、锌、铅、锰、镉和铜）浓度也比土壤中的高，如果处理不当会造成人或动物中毒；二是污泥污染地表水和地下水，导致COD、BOD和石油类污染物超标，影响了水资源的可持续利用；三是直接排放原油会导致土壤石油类物质超标，土壤板结，影响植被，导致草原退化，生态环境受损。此外，一部分污泥在循环系统中造成脱水和污水处理工况恶化，这会导致污水注入压力增大，从而造成能量巨大损耗。

含油污泥对油田的经济效益产生直接影响。若不及时处理，可能导致资源浪费，增加成本，甚至引发环境污染。因此，油田需要引入新工艺来处理含油污泥，以保护生态环境并确保经济效益。

随着国家环保要求的不断提高，含油污泥处理技术正朝着无害化、减量化、资源化的方向发展。针对有害物质和含油量高的含油污泥，可进行回收处理，这不仅有助于环境治理，还能获得经济效益。处理后的污泥可以通过其他治理技术进一步处理，以满足国家排放标准或进行综合利用，实现含油污泥的无害化处理。经济有效地治理和利用含油污泥对油田的可持续发展至关重要，这不仅可以降低环境风险，还有助于提升资源利用效率，促进油田的长期发展。

三、油田含油污泥的特性

含油污水中的污泥，主要来自与原油一起采出的地层，其中有一部分可能是在钻井和井下作业过程中留下的泥浆，有些是由于地层出砂造成的，也有一些是在污水处理过程中加入药剂后形成的沉积物，其中相当一部分是污水系统中的腐蚀产物。

各种油田及其不同的油区，污水中含有的污泥数量是不同的，甚至同一油田各个不同开采期间的污泥含量也会有所变化。有的油田含泥量较少，例如大庆油田；有的含泥量较多，例如胜利油田、辽河油田。大庆油田开采初期含泥量很少，在处理构筑物中没有考虑排泥设施，到高含水期后，水中含泥量有所增加，有些处理构筑物就不太适应了。

某些油田污泥样品分析结果显示，污泥灼烧减量差异较大，范围从最高 100% 到最低 1.5%，平均约为 40%。约 60% 的污泥为无机物。无机物中含有 Fe_2O_3、Al_2O_3、CaO、MgO 等金属氧化物，占平均污泥量的 15.7%。金属氧化物中约有一半为 Fe_2O_3。酸性不溶物占污泥量的 44.3%，其中少部分含有 SiO_2。

污泥的含水率变化较大，底部沉积的不流动的污泥，平均含水率为 75.25%，其密度为 1.088g/cm^3。排放时的污泥含水率为 90% ~ 95%。

污泥的浓缩性区别也较大。例如，含水 75% 左右的污泥，静止沉降浓缩 2 小时后，含水率降到 72%；5 小时后降到 70%；10 小时后降到 66%；20 小时后降到 60% 左右。

一般来说，污泥中含污油接近30%。然而污水处理工艺不同，含油率也不会有很大不同。例如，在沉降罐中加入净水剂，该药剂主要是聚合氯化铝及配合有机高分子助凝剂聚丙烯酰胺，该种净水剂追求的是油、悬浮物的共同去除，它能有效地解决乳化油及悬浮物胶体的脱稳问题。应该说，常规聚铝/聚丙烯酰胺类净水剂对悬浮物的去除有显著的效果，对各种油/水形成的乳化油也有显著的破乳作用，能使油、泥共沉，因而将乳化油转移到了污泥中。此外，采用“先除油、后除渣”的水处理工艺，可以从源头上减少稠油污泥中的油含量。

第二节　油田含油污泥的处理工艺

一、国内外典型的含油污泥处理的工艺流程

含油污泥的处理与处置方法很多，处理工序一般是“浓缩—调理—脱水—排放—综合利用”。自发展以来，含油污泥处理技术有了较大的提高。下面介绍几种典型的处理工艺。

第一，含油污泥→含油污泥浓缩池→污泥干化场。此流程存在的主要问题是，污泥浓缩池出来的污泥进入干化场后，含油污泥将干化场的渗水层空隙堵死，水不能继续通过渗水层使污泥得到干化，所以干化场根本起不到干化的作用。

第二，含油污泥→含油污泥储存池。该流程将另一种流程中的干化场去掉，含油污泥直接进入污泥储存池，静沉后排出上清液，底部污泥自然干化后外运。由于储存池不可能做得很大，体积有限，周转不开，所以污水处理系统基本上是间断排泥或根本不排泥。此流程在辽河油田使用较多。

第三，含油污泥→天然蒸发池。这种处理方式是将含油污泥直接引入天然蒸发池中，通过自然蒸发来处理。然而，这种方法需要较大的天然蒸发

池，因为污泥含水率较高。在东部油田，这种处理方式效果较差，容易导致污泥溢出，进而造成环境污染，因此在该地区很少采用，而在中国西部油田则较为普遍。

第四，含油污泥→浓缩→淘洗除盐→浮选除油→压滤。先对含油污泥进行加药浓缩，以降低其含水率，随后进行淘洗除盐处理，以降低盐分含量。然后通过浮选除油的方式，将污泥中的油分离出来。最后通过压滤，得到干燥的滤饼。这种方法主要在江汉油田得到应用。

第五，含油污泥→油泥分离池→浓缩罐→机械脱水→干污泥池。先让污水系统产生的污泥进入油泥分离池，通过分离得到污油和污水。然后将污泥输送至浓缩罐进行浓缩处理，再经过机械脱水，将污泥脱水后贮存在干污泥池中，再进一步综合利用。

第六，含油污泥→储罐→加入处理剂→压滤→输送至垃圾堆。该流程的特点是污泥经过无害化处理，经压滤机制成的滤饼为干燥的固体，经测试符合环保要求可以卸到垃圾场。

二、含油污泥调质机理

关于絮凝机理研究已经有很多报道，但是对絮凝剂应用于含油污泥的调质机理研究相对很少。以下就对破乳剂和絮凝剂的调质机理进行研究探索，脱油、脱水前需进行加药调质，使带有电荷的无机或有机药剂与污泥发生反应，通过电中和、化学桥联等作用，使油、水从污泥粒子中分离出来，并使粒子凝聚成大的絮状体，提高污泥脱油、脱水性能。综合起来可有以下两种机理：

（一）破乳机理

关于如何破乳的理论有多种，基本的一种是在乳状液中有两种相对抗的力在连续不断地做功。这种理论认为，一方面，水的界面张力可使其液滴趋向彼此聚结，形成粒径较大的液滴，靠重力从油中分离出来。另一方面，乳化剂存在于液滴周围，促使液滴悬浮并彼此稳定，必须破坏乳化剂的这种稳定作用才能破乳。

在含油污泥破乳处理过程中要试图控制各因素。创造条件使微小的油滴聚结变大，加速水和泥的沉降，从而使油、水、泥分离，其主要方法有：热处理（加热乳状液）、化学处理（加入破乳剂）、电场处理（施加电场）等，还有混合、振动、超声、微波、离心以及加入微生物等方法。一般认为，乳状液的破坏需经历絮凝、聚结、膜排水、除油等过程。破乳剂加入后向两相相界面扩散，由于破乳剂的界面活性高于乳状液中成膜物质的界面活性，能在相界面上吸附，并且与原油中的成膜物质形成具有比原来界面膜强度更低的混合膜，导致油水界面膜破坏，将膜内水释放出来，水滴互相聚结形成大水滴沉降到底部，油、水、泥发生分离，达到破乳的目的。在破乳过程中主要发生以下变化：

第一，相转移。反向变形机理。加入破乳剂，发生了相转变，即能够生成与乳化剂形成的乳状液类型相反的表面活性剂可以作为反相破乳剂。

第二，碰撞击破界面膜机理。在搅拌或加热的情况下，破乳剂有许多的机会碰撞乳状液的界面膜或吸附在膜上，或排替部分表面活性物质，从而击破界面膜，使其稳定性降低，发生聚结、絮凝而破乳。

第三，增溶机理。使用破乳剂一个或少数几个分子即可形成胶束，这种高分子线团或胶束可增溶乳化剂分子，引起乳化原油破乳。

第四，褶皱变形机理。显微镜观察结果表明，W/O 型乳状液具有双层或多层水圈，两层水圈之间是油圈，在加热搅拌和破乳剂的作用下，液滴内部各层水圈相互连通，使液滴凝聚而破乳。

（二）絮凝机理

含油污泥中使用絮凝剂主要是为了含油污泥的调质，污泥胶体颗粒的絮凝作用机理主要是吸附架桥或网捕、卷扫，有机絮凝剂因具有长分子链、高相对分子质量而较无机絮凝剂更适宜于污泥调质，使其中黏度大的吸附油解吸和破乳，使油从固体粒子表面分离，合适的电解质可增加系统的电荷密度，使它们取代油组分优先吸附在粒子表面，并使粒子更分散，为油从固体颗粒表面脱附创造更好的条件。

由于污泥颗粒本身带负电荷，相互间排斥，再加上污泥颗粒表面极性基团对于水分子的强烈吸附，使颗粒表面附着一层或几层水，进一步阻碍颗粒间的结合，最终形成稳定的胶体分散系统。含油污泥调质的主要任务就是改变含油污泥颗粒的微观结构，克服水合作用和电性排斥作用。对含油污泥的调质，有以下三种作用机理可以解释絮凝剂的调质作用机理：

第一，电中和作用。含油污泥颗粒本身带负电荷，相互间排斥，在污泥中加入与胶体带相反电荷的聚电解质，则可降低污泥粒子的电位，使粒子相互吸引形成絮团。

第二，去水化作用。污泥调质的关键是将亲水胶体转变为憎水胶体。污泥胶体与高分子间发生活性反应或形成络合物，产生不溶性物质，从而实现油、水、泥的三相分离。

第三，吸附作用。主要以吸附架桥和表面吸附为主。吸附架桥作用包括两种情形：①高分子絮凝剂上的活性基团所产生的吸附作用，把许多小胶体吸附起来，形成更大的颗粒，当较大的絮凝团形成时，又会产生“网捕”效应，带动其他未絮凝的颗粒一起絮凝，从而形成大而疏松的絮体；②两个同电荷污泥颗粒之间，由异电荷胶体连在一起。这种架桥作用可以解释异电荷胶体互相絮凝现象。

絮凝剂对含油污泥的调质作用，是通过上述两种调质作用机理调整固体粒子群的性状及其排列状态，使之适合于各种不同的浓缩脱水、脱油条件，因为污泥的脱水速度、脱油能力明显受到固体粒子群的性状及其排列状态的影响。

三、污泥浓缩工艺

浓缩污泥的主要目的在于减小其体积，从而有利于后续处理，包括消化、脱水、干化和焚烧等。其中，厌氧消化能显著减小消化池的容积，而好氧处理或化学稳定处理则可节约空气量和药剂用量。此外，湿式氧化或焚烧需要增加污泥的固体含量，以提高其热值。这些措施不仅有助于提高处理效率，降低处理成本，还能减少对环境的影响，促进污泥资源化利用。

污泥中的水分主要有颗粒之间的间隙水、毛细水以及表面吸附水及内部水。为降低水分含量，可针对不同水分类型采取不同措施：浓缩法、自然干化法、机械脱水法及焚烧法。不同脱水方法有不同效果。

浓缩存在技术限制，如活性污泥含水率最低可达 97% ~ 98%，初次沉淀污泥最低可达 85% ~ 90%。浓缩方法主要有三种：重力浓缩、气浮浓缩和离心浓缩，各有利弊，需根据实际情况选择。

（一）重力浓缩

根据重力浓缩运行的方式，可将重力浓缩分为间歇式浓缩和连续式浓缩两种，相应地，重力浓缩池可分为连续式和间歇式两种。重力浓缩法目前应用最广。

1. 连续式重力浓缩

连续式重力浓缩池是一种常见的污水处理设备，污水进入池体后，中心筒将污泥分离并将浓缩后的污泥排出至池底，而水分则通过溢流堰溢出。该池体被分为顶部的澄清区，中部的进泥区以及底部的压缩区。进料区与进泥浓度 c_o 相同；而压缩区的浓度则逐渐增加，直至排泥口处达到所需浓度 c_u；澄清区污泥面的高度由排泥量 Q_u 调节，影响污泥的压缩程度。

根据浓缩需求，浓缩池必须满足以下条件：①上清液必须澄清；②排出的污泥必须达到规定标准；③具有较高的固体回收率。如果一味地增加污泥处理量，则会导致浓缩池的负荷过大，浓缩污泥的固体浓度降低并导致上清液浑浊；相反，若负荷过小，则会造成污泥在池中过久地停留而产生腐败发酵，产生气体，使得污泥上浮。因此，设计过程中要考虑到各种情况的发生，以避免产生不良后果。

重力浓缩的设计计算通常基于经验数据，而处理工业废水时，污泥的类型变化可能导致处理效率不同。确保污泥处理效果的最佳做法是，通过实验确定适当的活泥负荷和截面积大小。

2. 间歇式重力浓缩

间歇式重力浓缩池的设计原理同连续式相似。在浓缩池不同深度上都设置了上清液排除管，目的是在运行时及时排出浓缩池中的上清液，以确保有足够大的池容处理更多的污泥。一般情况下，间歇式浓缩池的浓缩时间为 8 ~ 12h。

（二）气浮浓缩

重力浓缩法对于重质污泥而言具有良好的处理效果，但是对于轻质污泥（比重接近于 1）而言，重力浓缩法的处理效果并不好。鉴于轻质污泥的难处理性，在处理轻质污泥时常采用气浮浓缩法。

气浮池及压力溶气系统中，澄清水由池底引出，其中一部分排出池外，另一部分通过水泵得到回流。然后使用水射流器或者空气压力机将空气压入水中。溶解了空气的水经过减压阀进入混合池，这样新的污泥与溶气水融合在了一起。经过减压处理的溶气水能够携带同类物质上浮形成表面浮渣，然后用刮板将表面浮渣刮干净。这种处理方式的优点是节约水资源、操作方便，其缺点是增加了回流的耗电量。

（三）离心浓缩

离心浓缩的原理是污泥中固体颗粒与水的密度不同，因而在高速旋转的离心机中，固体物质和水因为受力的不同而产生分离。离心浓缩的特点是高效率、低耗时、操作简单、占地少，比较适合轻质污泥的分离，鉴于上述优点，离心浓缩被广泛应用。

离心机作为一种常见的污水处理设备，主要分为转盘式、篮式和转鼓离心机以及离心筛网浓缩器几种类型。其中，离心筛网浓缩器是一种常用的离心机种类，其工作原理相对简单而有效。污泥进入设备后，被置于旋转的筛网笼内，低速旋转过程中，水分被过滤出来，从而浓缩了污泥。浓缩后的污泥随后排出系统。

性能是评价离心筛网浓缩器效率的重要指标，主要包括浓缩系数、分流率和固体回收率。其中，浓缩系数指示了污泥在浓缩过程中的变化程度，分流率是指设备处理液体的能力，而固体回收率则是指设备中固体污泥的回收率。

设计参数也是影响离心筛网浓缩器性能的关键因素，主要包括固体负荷和面积电力负荷。在活性污泥法混合液的浓缩中常采用离心筛网浓缩器，采用这种方式能够减少二沉池的负荷和曝气池的体积，浓缩后的污泥回流到曝气池，分离液因固体浓度较高，应流入二沉池做沉淀处理；但是离心筛网浓缩器的回收率较低，造成出水浑浊，所以一般情况下不会将离心筛网作为唯一的浓缩设备。

四、污泥干化工艺

自然干化可分为晒沙场和干化场两种。

（一）晒沙场

晒沙场用于沉砂池沉渣的脱水，干化场用于初次沉淀污泥、腐殖污泥、消化污泥、化学污泥及混合污泥的脱水，干化后的污泥饼含水率一般为75% ~ 80%，污泥体积可缩小到1/10 ~ 1/2。

晒沙场一般做成矩形，混凝土底板，四周有围堤或围墙。底板上设有排水管及一层厚800mm、粒径50 ~ 60mm的砾石滤水层。沉沙经重力或提升排到晒沙场后，很容易晒干。深处的水由排水管集中回流到沉沙池前与原污水合并处理。

（二）干化场

污泥干化场通常采用两种类型：自然滤层干化场和人工滤层干化场。自然滤层干化场适用于土地渗透性良好、地下水位较低的地区，因其依赖土壤自然过滤作用而得名。而人工滤层干化场则具备人工铺设的干化滤层，包括不透水底层、排水系统、滤水层、输泥管、隔墙及围堤等部分。如果是盖式的，还有支柱和顶盖。

（三）强化自然干化

在传统的污泥干化床中，污泥在干化过程中基本处于静止堆积状态，在表面的污泥干化后，其所形成的干化层在下层污泥上形成一个“壳盖”，严重影响下层污泥的脱水，是干化床蒸发速率低的主要原因。

针对上述问题，强化自然干化技术采取对污泥干化层周期性地翻倒（机械搅动），不断地破坏表层“壳盖”，使表层污泥保持较高的含水率，从而得到较好的脱水效果。实际操作在污泥层平均厚度为40cm、污泥含水率为76%的条件下，以45d为平均周期，可使污泥干化后的含水率降至35%左右。

五、污泥脱水工艺

一般而言，污泥经过浓缩后含水率高达96%，体积较大，因此堆放、运输或再利用都相当不便。为了减小体积并富集固体部分，需要进行脱水处理。脱水措施可将含水率降至60% ~ 85%。

为了进一步降低含水率，必须进行干燥处理。经过干燥处理，污泥的含水率可降至10% ~ 30%，去除了绝大部分的毛细水。焚烧是一种彻底去除水分的方法，不仅可以消除污泥中的水分，还可以破坏污泥中的有毒有害有机物，彻底杀灭所有病原微生物。此外，焚烧还可以极大地减小污泥的体积，使其更易处理。

污泥脱水的目的是去除毛细水和表面附着水，以减小体积、减轻质量。常见的脱水方法包括自然干化脱水、机械脱水等。

（一）污泥的自然干化脱水

污泥干化床在工程中扮演关键角色，旨在便于操作并实现污泥的自然干化脱水。除了被称为污泥干化场或晒泥场外，其操作方法简单明了：含水率较高的污泥在场地上平铺开来展成薄层，依靠自然的蒸发和渗透使其干燥。这一过程显著降低了污泥的含水率，通常可降至65% ~ 75%。

污泥干化床脱水是最简单经济的脱水方法，其建设投资和运行费用均较低，但需占用大片土地，干化过程受气候条件影响较大，卫生条件差，一般很少采用。

（二）污泥的机械脱水

机械脱水是目前世界各国普遍采用的污泥脱水方法。脱水机械主要有板框压滤机、带式压滤机、真空过滤机和离心过滤机等。

1. 板框压滤机

板框压滤机是一种间歇操作的加压过滤机械，其特点是基建设备投资大，操作管理烦琐，滤布易损坏且过滤能力较低。尽管存在这些缺点，板框压滤机也有独特的优点。它的构造相对简单，且具有强大的推动力，这使其在实际应用中具有一定的优势。使用板框压滤机过滤后的滤饼含水率较低，滤液清澈，且药品消耗较少，这对于一些特定工艺要求较高的场景尤为重要。

板框压滤机的主要部件是滤板、滤框和滤布。压滤设备的工作原理如下：滤板和滤框交替排列，两侧覆盖滤布，并通过压紧装置进行压紧，从而形成压滤室。在滤板和滤框的上端开设小孔，在压紧后，这些小孔相连形成通道，使污泥得以通过通道进入压滤室。滤板表面刻有沟槽，用于引导滤液下流，而滤板下端则设有排液孔道，方便排出已被过滤的液体。在施加压力的情况下，滤液通过滤布时，污泥颗粒则被滤布截留，从而实现污泥与水的分离。

板框压滤机分为人工板框压滤机和自动板框压滤机两种。由于自动板框压滤机操作简单，劳动强度小，效率较高，故人工板框压滤机逐渐被自动板框压滤机替代。

2. 带式压滤机

带式压滤机是一种常用的脱水设备，其核心部件由滚压轴和滤布带构成。在运行过程中，压力通过滚压轴传递至滤布带上，污泥被夹在两条压滤带之间，受到挤压和压榨，从而实现脱水。与其他方法相比，滚压带式压滤机不需要额外的真空或加压设备，且能够实现连续生产，具有较低的动力消耗。

在实际操作上，污泥先进入浓缩段，依靠重力过滤脱水而得到浓缩（10～20s），使污泥失去流动性，避免在压榨段被挤出滤布。然后进入压榨段压榨脱水，压榨时间通常为 1 ~ 5min。

滚压方式主要有两种：一种是滚压轴上下相对设置，压榨时间短暂但压力较大；另一种是滚压轴上下错开设置，依靠滚压轴施加在滤布上的张力进行压榨，压力较小，压榨时间较长，但在滚压过程中，污泥受到的剪切作用有利于其脱水。

3. 离心过滤机

离心过滤是一种利用离心分离原理的处理技术，通过设备内部转筒产生的离心力将污泥中的固体与液体进行分离。其优点在于设备占地面积小、效率高、操作简单且自动化程度高。然而，它也存在一些缺点，如对污泥预处理要求较高，而且设备容易磨损。

根据形状，可将离心机分为转筒式和盘式两种，其中转筒式离心机的应用最为广泛。转筒式离心机的主要部件包括转筒、螺旋输送器、空心转轴（进料管）、变速箱、驱动轮等。

在工作过程中，污泥通过空心转轴的分配孔连续进入转筒内，随着高速旋转的转筒进行离心运动，从而实现固液分离。同时，螺旋输送器与转筒同向旋转但转速不同，推出污泥饼并分离液体。

离心机的分离能力可用分离因素（ψ）来表示，分离因素就是离心力与重力的比值，其计算公式如下：

$$\psi = \frac{F}{G} = \frac{\frac{\omega^2 r}{g} G}{G} = \frac{\omega^2 r}{g} = \frac{n^2 r}{900} \tag{6-1}$$

式中，ψ 为分离因素；F 为离心力，N；G 为重力，N；ω 为角速度，rad/s；r 为转筒的旋转半径，m；g 为重力加速度，m/s^2；n 为转速，r/min。

新型卧螺式离心机具有多项关键优点。其结构紧凑，占地面积小，适用于空间有限的环境；采用全封闭式操作，确保操作环境的卫生，避免污染物外泄；与传统离心机相比，新型离心机无须额外的过滤介质，简化了操作步骤，提高了工作效率；维护也相对容易，降低了维护成本和时间成本；可长期自动连续运转。由于其具有诸多优点，具有一定的推广应用价值。然而，这种离心机也存在一些问题；噪声较大，在脱水过程中污泥的含水率较高，为 65% ~ 75%，当固液密度差较小时，新型卧螺式离心机分离效果不佳。新型卧螺式离心机利用离心力的作用原理，将污泥浓缩后通过中心进料管输入高速旋转的离心机内。在离心力的作用下，密度大的固体颗粒迅速沉降并聚集在转筒的内壁上形成沉渣层，而密度小的液体则形成分离层。随后，沉渣通过出渣口甩出进行脱水处理，而分离液则通过溢流口排出，完成污泥脱水过程。

机械脱水作为处理含油污泥的关键技术，旨在实现“水清、泥干、油纯”的三相分离。这种三相分离不仅降低了后处理费用，还提高了固体回收率。然而，污水处理过程中可能存在相转移的问题，这会影响系统的正常运行，形成恶性循环。因此，把好机械脱水的关键，同时改善污水的水质至关重要。通过提高固体回收率和降低泥饼含水率，可以有效降低总成本。例如，当泥饼含水率降至 50% 时，其体积可以减小至原来的 30%，从而节约了运输和后处理费用。

离心机是一种常见的机械分离设备，其根据分离因素大小可分为低速、中速和高速三类，分别对应 ψ 为 1000 ~ 1500、ψ 为 1500 ~ 3000、ψ 为 3000 以上的转速。在采用离心机进行脱水时，一般选择低速离心机，因为相比之下，高速离心机会对脱水泥饼产生较大的冲击和剪切作用力。对于含水量高、黏度较小的油田含油污泥，机械分离法最适用。

机械分离法通常作为污泥深度处理的预处理方法，能够有效地减少处理后的残留物量，提高后续处理效率。

六、污泥热洗工艺

热洗法是通过热水溶液与化学药剂联合调质含油污泥，经多次热洗，改变含油污泥中泥沙、水、油三相之间的界面张力，使原油的黏度降低，促使其从泥沙表面脱落，再经静置或离心处理，使油、水、泥三相分离，回收原油，使含油污泥得到减量化和资源化处理。热洗法主要针对含油量高、乳化程度轻的落地油泥，用该法处理油泥具有能耗低、费用低的优势。在含油污泥热洗中，表面活性剂作为调质药剂可有效提高含油污泥热洗效果，在热洗技术处理含油污泥中得到广泛应用和发展，因此制备、筛选适宜廉价的表面活性剂，对热洗处理含油污泥起到关键作用，是研究热洗技术同时急需研究解决的问题。常用的热洗药剂有：破乳剂、絮凝剂、pH 调节剂、无机盐等。

（一）作用机理

1. 热洗技术处理含油污泥作用机理

热洗技术处理含油污泥的主要步骤为：含油污泥预处理、加药搅拌调质、一级热洗、多级热洗、三相分离、原油回收及污水处理等。为了提高回收的原油品质，可以在加药前先对含油污泥做热水搅拌处理，回收上层的浮油。在热洗处理过程中，最终的热洗脱油脱水效果与诸多因素有关，最关键的因素是筛选适宜的表面活性剂。热洗技术处理含油污泥主要是通过降低溶液表面张力和改变润湿性、破坏刚性界面膜等作用来促使油、泥、水三相分离。

（1）降低表面张力。表面张力是与液体（或固体）表面相切，且垂直作用在液体（或固体）表面上单位长度的表面收缩力。对于一定的液体，表面张力与温度有关，随温度上升而下降。通过改变含油污泥表面特性，即降低油水界面张力，则可除去含油污泥表面所附着的油相物质。在热洗技术处理含油污泥过程中，可以采取升温等措施来使油水界面张力降低，以利于油相从污泥中分离。

（2）改变润湿性。润湿是指固体（或液体）表面上的一种流体（气体）被另一种流体（液体）代替的现象。润湿可以被理解为液相在固相表面上的铺展，即液相在固相表面自发展开成一层薄膜。改变润湿性可以促使油相从污泥中脱离，向液相转移。由于污泥对一些表面活性剂可以无选择性吸收，而含油污泥中又存在大量表面活性剂，污泥会优先被润湿，我们在应用热洗技术处理含油污泥时，会再添加适当的表面活性剂调质，也会对原有的污泥表面活性产生影响，从而改变污泥表面的润湿性。

（3）破坏刚性界面膜。刚性界面膜是指在水与原油的接触面上形成的难以溶解且稳定的膜。刚性界面膜的存在加大了含油污泥的处理难度，尤其是原油从污泥中脱离回收。在应用热洗技术处理含油污泥过程中，通过提高热洗温度，加强搅拌，可以破坏甚至阻止形成刚性界面膜，促使含油污泥中的油泥分离。

2. 热洗调质化学药剂作用机理

表面活性剂作用于含油污泥，在与热洗技术的联用下，改变油、水、泥之间的作用力，促使三相分离。在热洗技术应用中，对表面活性剂的筛选十分重要，表面活性剂对油水要有良好的乳化作用，有助于油相从泥相中脱落，实现最终的三相分离。以下三项是表面活性剂的作用机理：

（1）润湿作用。将表面活性剂添加到含油污泥中，在热洗搅拌下，表面活性剂首先要润湿含油污泥，才可以发挥其他相应的作用，因此表面活性剂要对含油污泥有良好的润湿性。含油污泥被表面活性剂润湿后，两者发生相互作用，由于表面活性剂吸附在水—油和水—固界面上，使油—固和水—固界面张力下降，三相间的界面张力平衡被破坏，此时表面活性剂对油相开始卷起，油相从污泥中的脱除程度取决于表面活性剂与含油污泥的接触角，当表面活性剂与含油污泥表面接触角为 180° 时，油相可自发脱离污泥表面。

（2）乳化作用。在含油污泥热洗过程中，添加一定量的表面活性剂，利用其乳化作用，使污泥表面的油相乳化成为小油滴，分散在溶液体系中。由于表面活性剂分散在溶液中，油水界面张力得以不断降低，表面活性剂的亲油基团与油相结合，在热洗温度和热洗搅拌作用下，污泥与油相之间的作用力降低，油相脱离污泥，表面活性剂分子的亲水基团与液相水结合，使体系形成油水乳状液，最终脱除含油污泥中的原油。

（3）溶解和增溶作用。含油污泥热洗过程中，表面活性剂同原油间的界面张力较小，油相溶解后，在原有位置会形成微乳液。当表面活性剂加量达到临界胶束浓度时，表面活性剂分子会聚集成团形成胶束，亲油基向内，油相不断进入胶束内部，达到增溶的效果。在溶解增溶作用下，油相逐步从泥相中分离出来。

（二）油田絮凝剂

1. 絮凝剂分类

（1）无机絮凝剂。无机絮凝剂是水处理剂较广泛应用的絮凝剂，经多年的发展，现今主要有铁盐、铝盐和聚硅酸几大类，按分子量大小可分为无机低分子型絮凝剂和无机高分子型絮凝剂。

无机低分子型絮凝剂具有价格低廉且易生产的优点，在工业水处理中大量应用，但是其用量大、絮渣多、絮凝效果较差，并且铝离子的残留会产生二次污染，铁离子由于自身有颜色，且对设备有腐蚀，因此无机低分子型絮凝剂已逐渐不再使用。

无机高分子型絮凝剂作为第二代无机絮凝剂，有较高的分子量，与传统低分子型絮凝剂相比絮凝效果更佳，絮凝过程沉降快，残留铝、铁离子少，价格相对低，经济可行，是无机絮凝剂的主要研发方向。近年来无机高分子型絮凝剂主要是向其中引入高电荷离子或酸根离子，制备复合型无机高分子絮凝剂，增强其电中和、配位络合等能力，进而提高絮凝效果。经过多年不断开发研究，如今已广泛应用于印染废水、焦化废水、造纸废水、油田废水、工业废水和城市污水处理的多个流程中。

（2）有机絮凝剂。

第一，人工合成类有机高分子絮凝剂。利用高分子有机物具有官能团多、分子量大的特点，通过人工化学合成制备的新型有机絮凝剂，称为人工合成类有机高分子絮凝剂，此类絮凝剂性能稳定，且可依据需要控制产物分子量，依据絮凝剂所携带基团是否能离解及离解后所带离子的电性，人工合成类有机高分子絮凝剂可划分为阴离子型、阳离子型、非离子型和两性型。

阴离子型。阴离子型有机高分子絮凝剂研发早，技术成熟，但应用范围有限，其官能团主要有羧酸基、磺酸基、硫酸基、磷酸基等，因此絮凝剂所带电荷较多，在水相中易伸展，与悬浮离子的吸附、架桥能力较强，常见的阴离子型有机高分子絮凝剂有丙烯酰胺与丙烯酸钠共聚物，聚丙烯酸钠，聚苯乙烯磺酸钠等。

阳离子型。阳离子型有机高分子絮凝剂由于具有良好的电中和、吸附架桥能力，较舒展的大分子链结构，能使悬浮胶粒脱稳絮凝，还可与携带负电荷的物质发生反应生成不溶盐，对沉降和过滤脱水有利，且用量少，效果佳，毒性小，应用范围广，因此受到了高度关注。阳离子型有机高分子絮凝剂常用的制备方法有含烯单体聚合、高分子缩聚、阳离子基团与有机物接枝等，其中常用的阳离子基团有季铵盐基、嘧啶嗡离子基、吡啶嗡离子基、喹啉嗡离子基。近些年，我国对阳离子型有机高分子絮凝剂的研究也较多，主要有烷基烯丙基卤化铵、聚丙烯酰胺接枝共聚物、环氧氯丙烷与胺的反应产物等，已取得了显著成果。

非离子型。非离子型絮凝剂自身不带电荷，主要通过在水溶液中借助质子化作用，产生暂性电荷，以弱氢键结合，发挥絮凝作用，因此所形成的絮凝体较小、易受破坏。非离子型絮凝剂制备方法有水溶液法、沉淀法、反相乳液法、反相微乳液法、反相悬浮液法等，常见的絮凝剂产品有非离子型聚丙烯酸胺、聚乙烯醇、聚氧化乙烯等。

两性型。两性型有机高分子絮凝剂是聚合物分子链上的官能团携带正、负两种电荷，同时兼具阴、阳离子基团的特点，可通过含有阴、阳离子基团的乙烯类单体经自由基共聚反应制得，也可以由高分子改性制备。两性型絮凝剂含有大量电荷，具有延展性好的长分子链结构，且适用范围宽，无论是酸性环境还是碱性环境都可使用，可处理携带不同类型电荷的体系，有良好的水溶性、抗盐性，在染料脱色、污泥脱水调质等方面有广泛应用，是今后有机高分子絮凝剂发展方向。

第二，天然有机高分子及其改性絮凝剂。天然有机高分子絮凝剂是提取自天然物质中的有机高分子物质，或是通过化学改性后制得的一类絮凝剂，被称为“绿色絮凝剂”，按原料来源划分为淀粉及其衍生物类、壳聚糖类、木质素类、植物胶类等。天然有机高分子类絮凝剂原料价格低廉、来源丰富、分子量大、投药量小、可生物降解、安全无毒、无二次污染，有良好的应用前景，广受国内外学者的关注研究，特别是改性絮凝剂的研制，可以根据相关领域的需要，通过酯化、氧化、醚化、接枝共聚和交联等方法，制备絮凝活性基团大，应用效果佳的改性絮凝剂，其中改性淀粉类絮凝剂研究备受关注。

天然淀粉分子有直链和支链两种结构，一般支链淀粉占多数，但其絮凝性能较弱，絮凝效果不够好，由于淀粉具有多羟基结构，化学性质活泼，因此我们可对天然淀粉分子进行化学改性，增强其絮凝性能。其中阳离子改性淀粉是一种十分重要的淀粉衍生物，主要包括有季铵型、叔铵型、交联型等，可以通过湿法、半干法、干法进行制备，其在造纸、采矿、医药、纺织、油田、化妆品等行业都已有广泛应用。

（3）微生物絮凝剂。微生物絮凝剂是一类应用生物技术，经过生物发酵、抽提、精制得到的絮凝剂，主要活性成分有 DNA、纤维素、蛋白质、多糖等，此类絮凝剂具有高效、安全无毒、自然降解能力强、无二次污染等优点，应用范围很广：废水的除浊脱色、高浓度有机废水处理、发酵制品的固液分离、污泥脱水及改善污泥沉降性能、油水分离处理等，但是受到优质微生物菌种的培养、絮凝应用体系环境等因素的限制，微生物絮凝剂的研发应用还不成熟，有待不断探索研究。

（4）复合型絮凝剂。复合型絮凝剂是指在一个溶液体系下，将两种或两种以上的物质，通过特定条件下的化学反应生成的新物质，且该物质能产生絮状沉淀效果，复合型絮凝剂克服了单一絮凝剂适用范围窄、絮凝效果不理想等劣势，在国内外得到了广泛的研究制备。按化学成分可分为无机—无机复合型、有机—有机复合型、无机—有机复合型。

第一，无机—无机复合型絮凝剂。无机—无机复合型絮凝剂将两种或两种以上的无机絮凝剂经一系列的物理或化学方法，结合成一种新物质，根据实际需要的不同，可以有针对性地制备复合型絮凝剂，例如为提高絮凝剂电中和、桥连卷扫、配位络合能力，可以在铝盐和铁盐的基础上引入羟基、硫酸根、磷酸根、高电荷离子等；为了增强絮凝能力，提高絮凝效果，可以将硅酸盐与铁盐、铝盐或其他无机盐离子共聚结合形成新的絮凝剂。

第二，有机—有机复合型絮凝剂。有机—有机复合型絮凝剂是对人工合成、天然两类有机高分子絮凝剂各自和相互间进行复合生成的新型絮凝剂。有机—有机复合型絮凝剂具有更高的分子量、更强的吸附架桥和电中和能力，其絮凝性能大大提高，兼具了两种絮凝剂的优势，可以充分发挥絮凝剂间的协同作用。

第三，无机—有机复合型絮凝剂。无机絮凝剂虽然价格低廉、电中和能力强，但絮体较小、处理效果欠佳，而有机絮凝剂用量少、吸附架桥能力强、絮凝速度快，因此可通过复合或改性制备无机—有机复合型絮凝剂，结合无机、有机两类絮凝剂的各自优势，大幅度提高絮凝效果，同时增大絮凝剂的应用范围，因此该类复合絮凝剂的制备也受到了较广泛的研究，应用领域也较为广泛。

2. 絮凝剂作用机理

无论应用哪种类型的絮凝剂，都要充分考虑其应用体系条件，进行合理选择，这样才能起到有效调质作用，达到理想的絮凝效果及满意的处理程度，以下简单介绍絮凝剂的一般絮凝作用机理。

（1）吸附作用：絮凝剂先要分散到应用体系中，再在一些条件的作用下，发挥其絮凝作用形成絮体，在分散到应用体系的同时，絮凝剂已经开始产生吸附作用，无论是电中和还是架桥作用，都需要强大的吸附作用。

（2）电中和作用：絮凝剂在范德华力、共价键和氢键的作用下，在胶体颗粒表面吸附水中带有相反电荷的高分子物质或高聚合离子，降低了体系的总电位。

（3）桥连作用：高分子絮凝剂不仅携带与颗粒表面电性相反的电荷，发挥电中和作用，而且具有高的相对分子量，能架起一座桥，发挥架桥作用。絮凝剂可以有效地吸附胶体颗粒，使多种颗粒被不同分子链节或重复单元同时吸附在一个单元的线型高分子上，而被连接在一起形成较大的矾花，聚集成粗大絮状物，沉淀脱除。

（4）压缩双电层作用：当絮凝剂所携带电荷与扩散层内电荷相反时，两者产生静电斥力，不会凝聚在一起，反离子被挤压到吸附层导致扩散层变薄，Zeta 电位降低，胶体颗粒间的排斥力减小，稳态遭到破坏，粒子间相互碰撞，产生凝聚作用。

（5）卷扫网捕作用：当投加絮凝剂到一定量时，体系中的胶粒和悬浮颗粒会较快速地形成沉淀物，进而形成较大的絮网，絮凝剂再与颗粒聚集形成粗大絮状物，由于絮体重力的作用，会快速沉降，沉降过程中会大量地卷扫吸附体系中的其余胶粒和悬浮颗粒，最终达到将它们脱除的目的。

3. 絮凝剂制备及性能

（1）有机阳离子型絮凝剂制备及性能。以三乙醇胺、环氧氯丙烷、三乙烯四胺为主要原料制备有机阳离子型絮凝剂，最佳制备工艺条件：*n*（ECH）：*n*（TEA）=4 ：1，*m*（TETA）/*m*（TEA+ECH）=3%，反应温度60℃，反应时间6h。所得液体产物呈淡黄色透明黏稠状。在最佳制备条件下制备絮凝剂对含油污泥的脱油率达到68.97%。

由正交实验确定制备絮凝剂影响因素大小顺序：环氧氯丙烷与三乙醇胺摩尔比＞三乙烯四胺加量＞反应温度＞反应时间。

在应用体系pH=7下，投加160mg/L的絮凝剂，与破乳剂复配，应用在含油污泥热洗处理技术中，脱油率达到82.83%，絮凝剂对含油污泥有较强的絮凝脱油作用，优于其他现场絮凝剂。

应用热洗技术处理含油污泥，并投加制备的有机阳离子型絮凝剂调质，处理前后油泥热分析结果表明：处理后的含油污泥中部分原油和有机物被有效脱除，投加絮凝剂有利于污泥脱油。

应用热洗技术处理含油污泥，并投加制备的有机阳离子型絮凝剂调质，经过絮凝剂的吸附桥连与电中和作用，污泥颗粒成团聚集，微观排列紧密，有机阳离子型絮凝剂作用于含油污泥热洗处理中，对油、泥、水三相分离有显著贡献。

（2）聚硅酸铁镁锌絮凝剂制备及性能。以硅酸钠、硫酸镁、硫酸锌、硫酸铁为主要原料制备无机高分子型絮凝剂聚硅酸铁镁锌，最佳制备工艺条件：*n*（Zn）：*n*（Si）=1 ：2，*n*（Fe）：*n*（Mg）=1 ：1，*n*（Fe+Mg）：*n*（Si）=1 ：1，即*n*（Fe）：*n*（Mg）：*n*（Zn）：*n*（Si）=1 ：1 ：1 ：2，反应温度30℃，反应时间30min。

由正交实验确定制备絮凝剂影响因素大小顺序：铁镁摩尔比＞锌硅摩尔比＞反应温度＞铁镁和与硅摩尔比。

在应用体系pH=9下，投加40mg/L的絮凝剂，应用在含油污泥热洗处理技术中，脱油率达到82.79%，对油泥絮凝脱油作用明显。

投加聚硅酸铁镁锌絮凝剂调质含油污泥，处理前后油泥热分析结果表明：加入絮凝剂后，絮凝剂充分发挥了絮凝脱油的能力，使得原油及有机物从含油污泥中被脱除。

投加聚硅酸铁镁锌絮凝剂调质含油污泥，含油污泥的絮凝脱油，主要是由絮凝剂的电中和、吸附桥联、网捕卷扫作用实现的，使吸附的油从污泥中脱除，处理后污泥颗粒排列紧密。

（3）PFS—季铵型阳离子改性淀粉复合絮凝剂制备及性能。以醚化剂CHPT AM、NaOH、玉米淀粉为主要原料合成季铵型阳离子改性淀粉，再与聚合硫酸铁PFS进行复合，制备无机—有机复合型絮凝剂，最佳制备工艺条件：m（PFS）：m（季铵型阳离子改性淀粉）=3 ：1，反应体系pH=2，反应温度60℃，反应时间4h。

由正交实验确定制备絮凝剂影响因素大小顺序：聚合硫酸铁与季铵型阳离子改性淀粉质量比＞反应时间＞体系pH值＞反应温度。

在应用体系pH=7下，投加110mg/L的絮凝剂，应用在含油污泥热洗处理技术中，脱油率达到82.25%，对含油污泥脱油起到促进作用。

投加PFS—季铵型阳离子改性淀粉复合絮凝剂调质含油污泥，加入絮凝剂后，在絮凝剂作用下，原油及有机物从含油污泥中被脱除。

投加PFS—季铵型阳离子改性淀粉复合絮凝剂调质含油污泥，处理前后油泥扫描电镜图对比分析结果表明：无机—有机复合型絮凝剂，在热洗技术处理含油污泥中，强的电中和能力和长网链大分子的桥连网捕卷扫协同作用，使油相脱离污泥，处理后污泥颗粒排列紧密，水分及油相被脱除。

第三节　油田含油污泥的资源化利用

一、含油污泥资源化处理技术

（一）调质—机械脱水技术

机械分离法是一种广泛应用于污泥处理的方法。首先，利用重力、气浮等原理将污泥浓缩，然后通过机械力进一步脱水、减容或分离。这一过程的主要目的是满足运输和排放要求，确保污泥处理的有效性和环境友好性。在处理含油污泥时，调质—机械脱水技术被广泛采用，其核心在于实现油、水、固的三相分离。关键在于处理黏度大的吸附油，通过解吸和破乳来实现有效分离。另外，添加电解质是提高系统分离效率的关键措施之一。电解质取代油组分优先吸附在固体粒子表面，使粒子更分散。这种作用创造了更好的条件，促使油从固体颗粒表面脱附，进一步提高了污泥处理的效率和质量。

为实现机械脱水，调质含油污泥的方法多样。其中包括投加表面活性剂、稀释剂（例如癸烷）、电解质（如 NaCl 溶液）或破乳剂（阴离子或非离子）、润湿剂和 pH 调节剂等。调质过程中，加热减黏是一项有益的辅助措施，最佳温度应保持在 50℃以上。含油污泥经过调质后，污泥的脱水、沉降性能得到很大的改善。

国外炼厂处理含油废弃物通常采用调质—机械脱水工艺。该工艺使得处理后的污泥大部分能够满足填埋要求。然而，随着废弃物填埋要求的不断提高，这种方法已不能满足日益严格的标准，因此调质—机械脱水只能作为预处理方法。为了彻底处置污泥，需要后续进行深度处理，以确保废弃物的彻底处置和环境保护的实现。

（二）热解法

热解法是一项在惰性气氛下进行的处理技术，其原理是通过将物料加热至高温（500 ~ 1200℃），利用热脱析、热解和炭化反应，将有机物大分子转化为小分子，从而产生回收油、不可冷凝气体、冷凝水和固体残渣。与干馏相比，干馏也是一种热化学反应，用于有机物转化，其产物包括油、气体和残渣。而热解过程根据温度可分为低温（500 ~ 700℃）和中高温（700 ~ 1200℃），分别产生高热值油和高碳固体残渣，或燃料气与焦炭。在应用与区分方面，低温热解适用于能源回收，而中高温热解则主要用于生产燃料气和焦炭，以满足不同工业需求。通过控制热解过程条件，可以确定主要产物为焦炭、液相油或可燃气，从而实现含油污泥的无害化与资源化处理。

含油污泥热解技术已经进行了初步试验研究，这项研究涵盖了国内外的实践。其工艺设计是基于小规模试验和实际操作经验的结果。部分研究已经进入了中试或者工业规模阶段，甚至有些已经实现了商业化应用。这种热解技术尤其适用于含油率较高的污泥。其最大特点在于资源回收，包括油和焦炭。尤其是低温热解技术，具有环境效益和资源化效益。这种技术有望在处理含油污泥方面发挥重要作用，不仅解决了废物处理的问题，还能有效地利用资源，从而降低环境负荷，体现在以下方面：

第一，设备简单、投资低，无须高温高压设备，投资相当或略低于焚烧技术，运行成本远低。

第二，高能量回收率是其重要特点。易储藏的液体作为油热解产物的回收形式，经过热解处理后，产物的热值与油泥相比均有提高。

第三，环保优势突出。处理温度低，不凝气产量小，SO_2、NO_x、有机氯化物等有害气体产量少，固体残渣中重金属量较低，气体易处理。

（三）溶剂萃取技术

萃取是一种传质过程，其将某物质从一相（固相或液相）转移到另一相（液相），常被应用于去除污泥中的油和有机物。在萃取技术的发展过程中，超临界流体萃取作为一种正在开发阶段的新型技术逐渐受到关注，常用的溶剂类型包括有机溶剂和超临界溶剂。通过萃取处理后，可以通过蒸馏将溶剂从混合物中分离并循环使用，有效回收油以便再利用。这一过程不仅能够去除污泥中的油和其他微量有害物质，使泥渣达到常规污染控制技术要求，而且能够将回收的油用于回炼，实现资源的再利用。

溶剂萃取工艺是一种利用现有设备、易于连续化操作的技术，其优势在于有利于污染物去除和能源节约，从而降低处理费用，提高经济效益。这一工艺具有简单、快速、选择性高、适应性强、环境友好等多重优点，因此在化工、冶金、环境等领域有广泛的应用前景。特别是在中国石化工业迅速发展的背景下，溶剂萃取工艺展现出了巨大的潜力。然而，在国外，由于成本较高，萃取法在含油污泥处理中的应用尚不广泛。

（四）微波热解技术

传统加热方式的低效率给污泥处理带来了多重问题。首先，由于传统加热方式效率低，污泥中的含油物质难以均匀加热，导致出现温差大、内部温度不均匀的情况。这不仅增加了二次反应和焦炭生成的可能性，而且容易导致结焦，从而降低处理效率。此外，传统加热方式还容易导致油中多环芳烃等有害物质的生成，给环境造成更大的负担。与传统加热方式相比，微波加热技术具有明显优势。微波加热利用介质损耗产生热能，因此加热速度快且均匀。这是因为微波与物质分子的极化密切相关，能够使得物质内部迅速产生热能，实现快速均匀加热。一般而言，物料中的非极性分子与微波不发生作用，而极性分子（如水分子）则会大量地吸收微波能。在密闭环境中，微波能够被物料充分吸收，减少能量散失，从而提高了能源利用率，进一步提升了加热效率和能源利用效率。与常规的直接加热热解方式相比，微波热解技术可使温度调控、热解过程及预期最终产物的控制变得容易，节省大量时间和能源，且微波热解污泥的产率较高、产物的油质优良，减少二次反应和焦炭生成的可能性，从而降低了结焦的风险，提高了处理效率和产品质量。

（五）生物处理技术

污泥的生物处理方法类似于废水处理，是一种高效、安全且成本较低的工艺。生物处理工艺则主要包括地耕法、堆肥法和生物反应器法等方法，以处理效果出色和成本较低而备受青睐。这些方法通常包括前处理工艺，如有机溶剂萃取或添加表面活性剂分离原油，从而回收大部分原油后再利用生物处理油泥沙。生物法在处理油泥沙方面应用广泛，尤其是原位生物修复可用于处理土壤，对于突发污染事件，如污染面积较大的情况，具有重要意义。

二、热洗法处理含油污泥

化学热洗法是一种利用热水溶液和化学药剂对含油污泥进行反复洗涤的技术，旨在实现固液分离。其工艺原理包括加热、界面张力降低、乳化作用以及润湿性和刚性界面膜的改变。通过这些原理的作用，油污泥中的油相与水相更容易分离，达到资源回收和环境改善的目的。具体来说，通过化学热洗法可以实现油相回收和清洗液循环利用，同时实现污泥资源化利用，其能耗低、处理效果好的特点也有助于环境改善。

针对大庆油田含油污泥进行的实验验证了该方法的可行性。笔者考察了不同工艺参数对洗涤效果的影响，并确定了最佳工艺条件。此外，还分析了不同药剂投加对洗涤效果的影响及处理机理，为优化工艺提供了重要依据。这些实验结果为化学热洗法的应用提供了科学依据，同时为工程实践提供了重要的参考。

（一）含油污泥热洗工艺流程

将 5g 含油污泥放入烧杯，随后加入适量清水和化学药剂，将其放入恒温水浴锅中并连续搅拌一定时间。随后进行离心处理，通过测定处理后泥沙的含油率来评估清洁效果。实验结果显示：含油污泥呈黑色黏稠状，具有浓烈挥发性气味，含水率为 30.67%，含油率为 13.98%，含泥率为 54.09%。实验分析采用 Diamond 型热重分析仪和 S-4800 型扫描电镜，以探究处理机理。

含油污泥热洗法的处理流程见图 6-1。

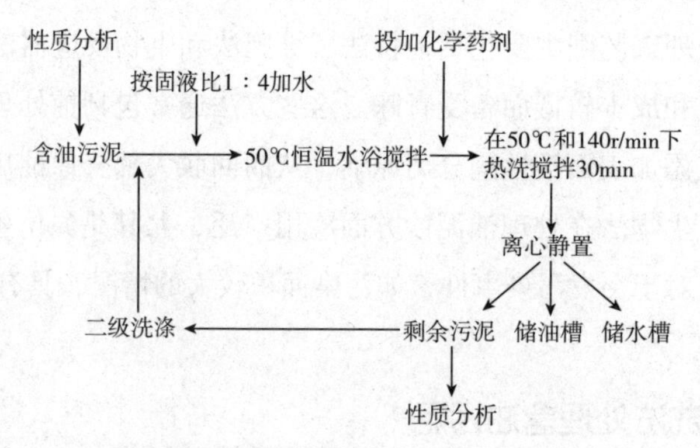

图 6-1　热洗法处理含油污泥工艺流程

（二）热洗法工艺条件的确定

1. 固液比

固液比在处理含油污泥时起到关键作用。通过调整固液比，即含油污泥与清水的质量比，可以改变水油接触的机会，有利于油泥的分离。经过实验验证，在固液比为 1 ： 4 时，脱油率达到最高值，为 69.12%。

2. 破乳剂 1# 用量

破乳剂 1# 用量对含油污泥的脱油效果也有显著影响。在实验条件下，研究表明，在固液比为 1 ： 4、温度为 50℃的环境下，破乳剂 1# 的最佳用量为 20mg/L，此时脱油率达到最高值。然而，若使用过量的破乳剂，将会导致混合物黏度增加，进而降低脱油率。因此，在使用破乳剂时需谨慎斟酌用量，以充分发挥其作用。

3. 絮凝剂用量

絮凝剂对于含油污泥脱油有很好的作用。加入絮凝剂显著改变了含油污泥的微观结构。在未加入絮凝剂的情况下，该污泥的微观结构呈现无规则状态，颗粒间的孔隙较多，排列疏散，使得含水量相对较高。然而，一旦加入絮凝剂，颗粒的排列变得更加致密，絮体团聚性也随之增强，导致水和油被有效脱除，从而降低了污泥的含油率。尤其是共聚物作为絮凝剂时，对含油污泥具有良好的絮凝效果，能够促使污泥实现脱油和脱水。

添加絮凝剂后，共聚物分子长链基团带正电荷，这些正电荷被吸附在污泥颗粒表面，中和了颗粒的负电荷。这种吸附导致静电斥力被克服，使颗粒脱稳，从而实现了颗粒间的相互吸引。通过电中和作用，絮体颗粒凝聚成较大颗粒，形成絮体。这些较大的颗粒增大了其沉降速度，有效提高了废水处理效率。值得注意的是，共聚物中的季铵基团不仅能进行电中和，还能促使病毒、微生物聚沉，进一步减少了水中有害微生物的数量。凝聚的颗粒通过吸附在分子链的活性基团上，形成桥链状絮凝物，增强了吸附能力。这种桥链状结构有助于污泥颗粒的絮凝沉降，有效地提高了污水处理效率。

添加絮凝剂是为了改善油泥的性质，促进泥相下沉，使水相澄清。研究结果表明，在20mg/L浓度下，絮凝剂1#和絮凝剂2#的脱油效果最佳，但当絮凝剂浓度过高时，会导致脱油率的降低，而浓度过低则会减弱絮凝剂的吸附架桥作用，不利于污泥的聚团和脱水。对比结果显示，浓度为20mg/L时，絮凝剂2#的脱油效果优于絮凝剂1#，表现更佳。因此，选择絮凝剂2#进行含油污泥的热洗脱油实验将更为有效，有望更好地达到脱油的目的。

4. 热洗温度

提高热洗温度被证明有利于提高脱油率，但需在脱油效果与能源消耗之间做出权衡。通过调节热洗温度，可以有效地促进油水分离，但应注意不要过度消耗能源，使得成本过高。经过考量，适宜的热洗温度选定为50℃。

5. 热洗时间

随着热洗时间的增加，脱油率也会相应提高。然而，当热洗时间延长至30min时，脱油率达到最大值，之后变化趋于平缓。因此，最佳的热洗时间被确定为30min，在此时间范围内能够实现最佳的脱油效果。

6. 热洗搅拌强度

在转速为60～200r/min的条件下，连续搅拌30min能够加速污泥表面泥沙的脱落，有利于油滴的分离。研究指出，最佳搅拌强度为140r/min，此时能够最大限度地促进絮凝剂的扩散作用，提高脱油效果。然而，若搅拌强度过低，则会影响絮凝剂的扩散，从而降低脱油效果。因此，在进行连续搅拌时，需注意控制转速，以确保最佳的脱油效果。

7. 热洗液 pH

在处理含油污泥的脱油过程中，pH 值的调节至关重要。随着 pH 值的增加，脱油率逐渐提高，特别是在 pH 小于 8 时效果更显著。然而，高 pH 值会增加废水处理的难度。因此，需要综合考虑各种因素来确定最合适的 pH 值。经过综合考虑，确定 pH 值为 8 是最合适的选择。

8. 热洗次数

在热洗处理过程中，采用多次热洗可以更好地融合含油污泥与药剂，从而实现更充分的脱油。研究表明，热洗次数从 1 次增加到 2 次时，脱油率提高至 83.91%。随着热洗次数进一步增加，脱油率并未明显增加。考虑到节约能源和时间的因素，确定热洗次数为 2 次是最合适的选择。

（三）热洗法机理分析

1. 热分析

热洗前后含油污泥的热重（TG）分析揭示了其在不同温度范围内的失重情况。首先，在初温至 120℃阶段，失重速度相对缓慢，这是因为此时开始挥发自由水。同时，热洗处理能够有效降低含水率，有力地去除自由水。接着，从 120℃到 260℃阶段，失重速度急剧增加，这是由于低沸点轻质油分和微生物结合水的破坏。然而，热洗处理后失重率略有下降，表明去除了部分原油。随后，从 260℃到 500℃阶段，失重速度进一步加剧，成为主要失重阶段。在高温下，重质油和挥发性芳香烃类有机物开始热分解，产生低分子烃类。这一阶段的热洗处理能够有效去除大量原油，使失重率明显降低至 11.1%。最后，在 500℃以上阶段，失重速度变得平缓，这是因为发生固定碳燃烧反应和矿物质受热分解。

2. SEM 电镜分析

处理前的含油污泥样品呈现出结构无规则、颗粒松散排列、表面粗糙、含水和孔洞较多的特征。经过处理后，观察到了显著的变化。油泥骨架被破坏，形成了絮体结构，颗粒紧密排列并聚集在一起。加热起到了至关重要的作用，通过加剧颗粒的热运动，降低了油泥的黏度，从而增强了其流动性。此外，剪切力的作用进一步促使油相脱落，同时释放了内部结合水。热洗法在整个处理过程中扮演着关键的角色，它不仅提高了脱水程度，还有效降低了含油率。这是因为热洗能够有效地破坏油泥的结构，使其更容易与水相分离，进而提高脱水效率。

三、含油污泥资源化利用途径

（一）农业化利用

污泥的农业化利用这里主要介绍污泥堆肥、农田林地利用。

堆肥法是一种处理石油工业废弃物的方法，其核心原理是将废弃物与适当的松散材料混合，然后堆放，利用自然界存在的微生物来降解石油烃类。这项技术通常采用四种堆制方法：堤型堆肥法、静态堆肥法、封闭堆肥法和容器堆肥法。此法特别适用于冬季较长的石油工业生产区（不适用土地法）。污泥堆肥是有效的农业利用方式。

污泥堆肥不仅应用在农田、园林绿化、草坪、废弃地等多种场景中，还可以作为林木、花卉育苗基质，从而降低育苗成本，带来经济、环境和社会效益。在草坪基质方面，污泥堆肥能显著提高黑麦草的生物量和叶绿素含量，延长植物的绿色期，促进对氮素的吸收，改善草坪质量和土壤性质。

（二）建材化利用

除了有机物外，污泥中还含有 20% ~ 30% 的无机物，主要是富含 Si、Al、Fe、Ca 等元素的矿物质。这些成分与许多建筑材料的原料相似，因此可以用于制造建筑材料。

这里主要介绍污泥制水泥和污泥制陶粒。

用污泥生产水泥有两种方式：生产生态水泥和代替黏土质原料生产水泥。以污泥焚烧灰、下水道污泥、石灰石及适量黏土为原料生产的水泥叫生态水泥。污泥具有较高的烧失量，扣除烧失量后，其化学成分与黏土原料相近。通过生料配料计算，证明其理论上可以替代 30% 的黏土质原料。

陶粒作为一种多功能材料，其主要用途涵盖了多个领域。首先，陶粒被广泛用于配置轻集料混凝土，制造轻质墙体材料以及屋面保温等工程中。其次，自 20 世纪中期问世以来，陶粒及其制品以性能优良、节能显著、用途广泛等特性在世界各国得到了大量应用。近年来，陶粒作为滤料的优势逐渐被认可，其外表面粗糙多棱角、内部及表面空隙很多，具有高孔隙率、大比表面、不易堵塞、反冲洗效果好、密度轻等优点，被广泛应用于废水处理厂的快速滤池滤料，取代了常用的硅砂、无烟煤等材料。此外，陶粒还被用作生物器填料，应用于废气处理或废水处理中的脱臭，其上挂的生物膜具有较高的微生物浓度，处理效率高，耐冲击负荷能力强。

至于污泥陶粒，则以污水污泥为主要原料，经过加工成球、焙烧而成，其中的原料包括生污泥或厌氧发酵污泥及其焚烧灰。然而，污水污泥含有较高的有机质，烧结收缩率大，不能单独烧制陶粒，必须配合其他材料一起烧制，这是目前陶粒生产中需要注意的一个问题。直接以脱水污泥作为原料，较污泥焚烧灰工艺简单，无须设置单独的焚烧装置，污泥中有机成分可得到有效利用。

（三）能源化利用

污泥能源化是利用污泥中有效成分，“实现其减量化、无害化、稳定化和资源化的污泥处理技术，是当前污泥资源化技术的主要研究方向。”

1. 污泥制氢气

厌氧活性污泥发酵法生物制氢技术是近 10 年来最具发展前景的国际前沿研究课题之一。污泥厌氧发酵工艺由四个阶段组成，即水解、酸化、产氢产乙酸、甲烷化。为了抑制产甲烷菌的生长，提高污泥的发酵产氢效率，缩短发酵周期，需对发酵产氢的污泥进行预处理。各种预处理方法，如酸、碱、热、冷冻、微波和杀菌，对于增加 H_2 产量有显著的效果，通常可使其增加 1.5 ~ 2 倍。然而，超声波处理却产生相反效果，导致 H_2 产量下降。此外，研究表明，利用污泥发酵产生 H_2 后的残渣进行甲烷发酵，其产率可达到污泥单独发酵产生甲烷的 5 倍。

一种从污泥等固体有机废弃物中制氢的新型技术也备受关注。超临界水氧化反应器是一种处理污泥等废弃物的技术，其核心原理是在高温（650℃）

和高压（25MPa）条件下进行反应，主要产生 H_2 和 CO_2 气体。随后，产生的 H_2 被分离和收集。该法得到的 H_2 纯度为 99.6%，且占所发生气体体积的 60%。

2. 污泥高效蒸发法制污泥燃料

（1）污泥能量回收系统，简称 HERS 法。其核心原理在于将这些污泥分别进行厌氧消化，产生消化气，经过脱硫后作为发电燃料。每立方消化气可产生 2kW · h 电量，实现了能量的有效回收利用。这一过程采用了两种方式：一是通过厌氧消化产生的消化气，二是利用污泥燃料产生的热能，最终以电力形式回收利用。主要过程包括以下环节：首先，厌氧消化产生气体，经过脱硫后进行燃烧发电；其次，将污泥进行离心脱水至含水率 80% 后，加入轻溶剂油形成流动性浆液，送入四效蒸发器进行蒸发处理。在蒸发过程中，采用离心分离、萃取和汽提方法进行污泥脱油，回收率可高达 98% 以上。经过处理后的污泥转变成含水率 26%、含油率 0.15% 的污泥燃料，可用于燃烧产生蒸汽干燥污泥和发电。然而，存在一个问题：轻溶剂油与含水率 80% 左右的消化污泥混合不均匀，导致蒸发效率较低。

（2）污泥燃料化法，简称 SF 法（Sludge Fuel）。针对未消化的混合污泥提出了一种创新处理方法。首先，将混合污泥通过机械脱水处理，与重油混合，制成流动性浆液。其次，浆液经过四效蒸发皿蒸发后，再经过脱油处理，形成含水率约 5%、含油率低于 10%、热值为 23027kJ/kg 的污泥燃料。同时，回收的重油被重新利用，实现了资源的循环利用。这种污泥燃料被用于燃烧产生蒸汽，用于污泥的干燥和发电。SF 法采用的是重油，与脱水污泥混合均匀。但重油回收率低，需不断补充。

（3）浓缩污泥直接蒸发法。对于一些污泥，如剩余活性污泥，由于浓缩和脱水性能较差，需要投加药剂进行浓缩脱水，但此过程操作烦琐且成本高昂。为解决这一问题，研究人员开发了浓缩污泥直接蒸发法，该法旨在降低能耗，而非将其转化为可用作外部应用的燃料。因此，“对离心脱油的要求不高，干燥污泥中残留油分为 40% ~ 50%（干基），以满足锅炉燃烧产生的蒸汽和蒸发干燥所需要的蒸汽量。”

3. 含油污泥用于深部调剖

含油污泥用于深部调剖是在分析含油污泥组成和粒径分布的基础上，开发研究的以含油污泥为主要原料添加其他添加剂的油藏深部调剖剂，并进行了现场应用，取得了良好效果。该项技术不仅有效地解决了含油污泥外排造成的环境污染问题，而且其相对污泥处理费用降低，为含油污泥的综合利用找到了一条新路，是油田含油污泥处理切实可行的手段。

其调剖机理为：含油污泥用于深部调剖的作用机理和无机颗粒调剖剂类似，利用其颗粒粒径与孔喉匹配在高渗透条带或大孔道内形成桥塞。当$D_{孔}>3D_{粒}$时，颗粒就会在高渗层孔隙内移动一段距离，颗粒将不再向前移动，而且只能在桥塞附近堆积，经过一定时间就形成了“封堵塞”，即扩大了波及体积，达到增油减水的目的。

污泥回灌调剖技术，一项将含油污泥全部回灌地下的技术，旨在解决污泥淤积所导致的水质问题，并避免污泥的终极处置和可能的二次污染。此技术不仅能够解决环境问题，还能确保注入水质，具有增油效果。在实践中，这项技术已经广泛应用于河南油田、胜利油田等地，取得了显著的经济与社会效益。但是这些技术也面临一些挑战与限制。其中，费用是一个重要的限制因素。由于超临界水氧化反应器和污泥回灌调剖技术的成本高昂，限制了它们在更广泛范围内的推广和应用。

（四）材料化利用

油田污泥干化后可用于制砖。由于污泥的粒径较小，且含油，机械杂质复杂，制砖后强度较小。不仅能减少堆放的面积，而且能做建筑材料。

第七章　油田除垢与防腐技术

结垢是石油生产中一个常见而严重的问题。它不仅会导致生产管线或设备堵塞，增加修井次数，缩短修井周期，还会导致油层堵塞、产液量下降和能源浪费，进而影响原油的正常生产。更为严重的是，结垢可能导致抽油杆拉断、油井关井甚至报废，带来巨大的经济损失。为了提高石油的生产效率，在不同的环境下挑选有效的阻垢方法是很重要的。

第一节　油田防垢的超声波技术

目前，我国大部分油田采用注水补充能量的开发方式。在这个过程中，油田通常注入三种类型的水：清水、污水和海水，也可能进行混合注入。随着注入水向油井推进，油井的含水率会升高，地层平衡被破坏，从而导致化学反应和物理变化的发生，生成沉淀物。这些沉淀物会沉积或聚集在地层、油套管壁和设备表面，形成结垢。值得注意的是，结垢不仅出现在地下储层、射孔孔眼和井筒内，还可能形成于井下泵、地面油气集输设备管线内。结垢物的主要成分包括硫酸盐或碳酸盐的钡、锶、镁、钙，同时可能生成各种铁化合物，如碳酸铁、三氧化二铁、硫化铁等。

超声波是指频率超过 20kHz 的声波，在弹性介质中以纵波形式传播。它能够在气体、液体、固体乃至固熔体等介质中传播，并引发多种现象，包括反射、干涉、叠加以及共振。特别是在液体介质中传播时，常常会在界面上产生冲击与空化现象。由于其具有高频率和短波长的特点，超声波在一定距离内以直线传播，具备优秀的束射性与方向性。因此，超声波防垢成为一种操作简单、效率高的防垢方法，其优点包括连续在线工作、自动化程度高、工作性能可靠、无须化学药剂且无环境污染。尽管对超声波对成垢离子的影响研究报道较少，但其仍具有潜在的应用价值，值得进一步深入探索和利用。

一、超声波对硅垢离子浓度的影响及性能分析

（一）实验准备

在研究对象为三元复合驱采油过程中产生的硅酸盐垢的实验中，首先通过配制过饱和硅酸钙溶液作为研究对象，随后施加了单一和双重超声波，并比较了过滤和未过滤溶液中成垢离子的浓度差异。表征分析阶段采用了 X 射线衍射（XRD）和扫描电镜（SEM），从微晶角度确认了超声波防垢机理。在影响因素方面，研究人员调节了超声波频率，并对比了单一和双重超声波频率对过滤后成垢离子浓度的影响。实验结果显示，测定了超声波技术的防垢率。整个研究的目的在于为超声波防垢技术的应用奠定基础，为进一步应用于实际生产中提供了理论和实验依据。

1. 实验装置及过程

实验中使用了一系列设备和条件来评估超声波处理对水质的影响。实验在一个直径为 80cm、高度为 150cm 的横向放置的圆柱形容器内进行。在容器一侧端面的中心位置配备了一个超声波换能器，并连接了一个功率为 2000W 的超声波发生器。温度方面，使用了测量范围为 0 ~ 100℃的温度计，以确保实验温度在可控范围内。

在容器内注入了约 2/3 体积的蒸馏水，并加入了 500g 硅酸钠和 500g 氯化钙固体粉末。在搅拌混合均匀后，让混合物沉降 0.5h，以确保物质充分混合。实验分为两组：空白实验和处理实验。在空白实验中，未施加超声波处理，而在处理实验中，则分别施加了单一频率（30kHz）和双频率（均为 30kHz）的超声波处理。将水质温度控制在 20 ~ 70℃范围内，每 5℃为一个测试点。使用中速定性滤纸过滤适量样液，并对过滤前后的溶液中 Ca^{2+} 浓度和硅含量进行测定。通过这些测试点和测量结果，可以评估不同超声波处理条件下水质的变化。

同时对单低频（25kHz 单超声波低频）、单高频（50kHz 单超声波高频）、双低频（双超声波低频，均为 25kHz）和双高频（双超声波高频，均为 50kHz）处理过的水质进行了比较分析。分析的指标包括过滤后溶液中的 Ca^{2+} 浓度和硅含量。

2. 超声波防垢性能测定

测定方法主要采用了 EDTA 滴定法和硅钼蓝法，以测定主要成垢的 Ca^{2+} 浓度和硅含量。实验对象为 60mm × 11.5mm × 2mm 的碳钢挂片，放置于不同水质条件下浸泡 6 小时，包括空白水质、单低、单高、双低和双高处理水质。测量结果的指标包括单位面积结垢率、各条件下结垢率的平均值以及防垢效果的平均值。

3. 超声波防垢性能表征分析

采用日本理学公司 D/max–2200PC 型的 X 射线衍射仪对超声波处理前后容器中的悬浮物进行 XRD 分析，采用 Cu 靶 Kα 射线，管电压 40kV，管电流 30mA，扫描速率 10（°）/min，扫描范围 10° ~ 80° ；采用德国 Leo 公司 LEO–1530VP 型的扫描电镜对超声波处理前后的垢样进行观察。

（二）实验分析

1. 空白实验

在硅酸钙溶液中，存在微小的硅酸钙微晶。这些微晶在溶液过饱和时会发生转化，形成离子化合物沉淀，从而产生垢。当溶液由过饱和状态变为不饱和状态时，微晶会逐渐溶解并分散为离子状态，存在于溶液中。

这一过程在图 7–1 中得到了呈现，随着温度的升高，滤过的溶液中 Ca^{2+} 浓度逐渐接近未滤过的液体，这表明微晶正朝着离子或沉淀的状态进行转化。特别地，当温度达到 50℃后，两种溶液中 Ca^{2+} 浓度接近，进一步证明了微晶已经形成了沉淀。此外，图 7–2 显示了随着温度升高，溶液中的硅含量呈下降趋势。微晶的存在导致过滤后的液体中硅含量低于未经过滤的液体。

2. 单超声波实验

晶体生长动力学理论揭示了晶体在形成过程中的关键阶段。首先，诱导期被认为是晶体形成垢的启动和诱发阶段。这一期间可分为三个关键步骤。首先，在饱和溶液中，晶体开始析出并形成拟稳态晶胚。其次，这些晶胚在表面形成稳定的晶核，为后续晶体的生长奠定了基础。最后，晶核成片生长，形成垢的基础结构。这一诱导期具有高度连续性，任何一个步骤的阻滞都会延长结垢时间，因此，对晶胚形成和生长过程的干预至关重要。

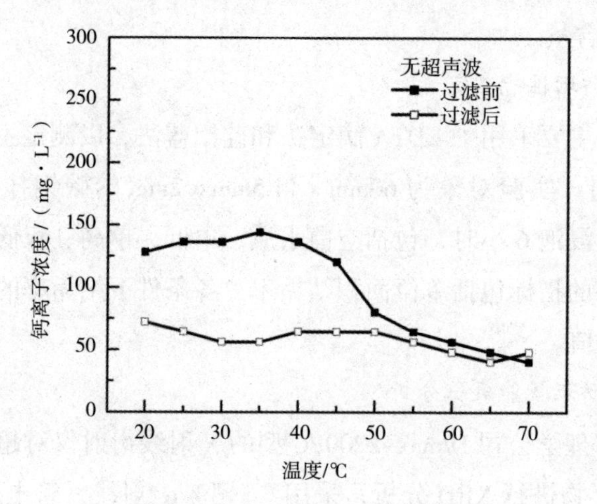

图 7–1 空白实验Ca^{2+}浓度变化

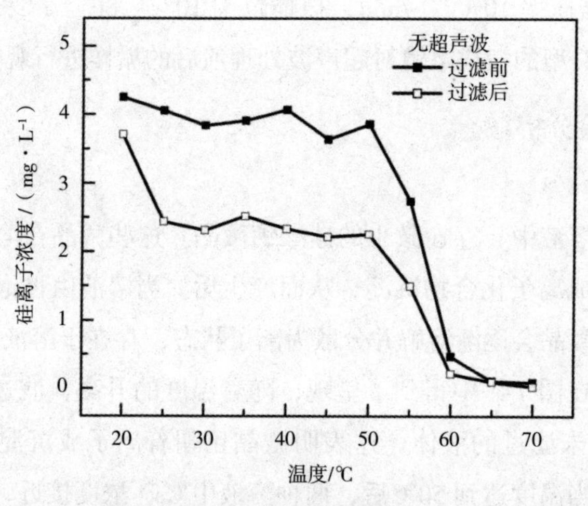

图 7–2 空白实验硅含量变化

图 7–3 展示了单超声波实验发生器中 Ca^{2+} 浓度的变化趋势。在图中，首先观察到过滤后的 Ca^{2+} 浓度相对于未过滤的溶液变化较小，这表明在过滤过程中大量微晶被滤掉。其次，对比图 7–3 和图 7–1，在单超声波作用下，过滤和未过滤溶液中的 Ca^{2+} 浓度均明显高于空白实验。推断认为，超声波的空化作用导致脉动气泡表面的强黏滞应力和高速度梯度，破坏了拟稳态晶胚的

生长，迫使不稳定晶胚重新溶解至溶液中。因此，由于溶液中未形成稳定的生长源或其数量显著减少，诱导期延长，导致结垢量减少。

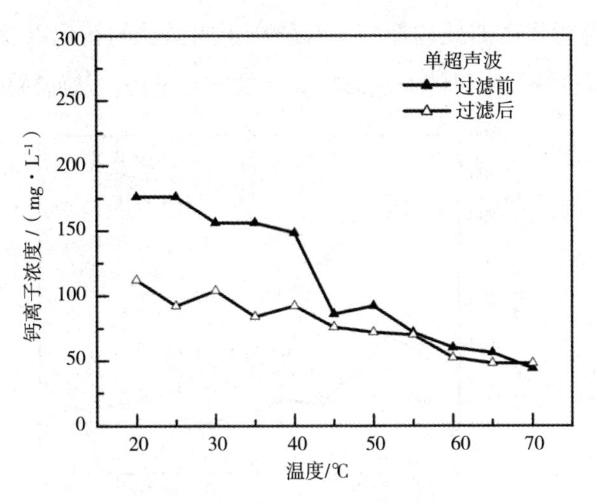

图7-3　单超声波实验Ca^{2+}浓度变化

图 7-4 描述了单超声波实验发生器中硅含量的变化趋势。在单超声波溶液中，研究显示，成垢硅含量明显高于空白实验，这表明超声波处理具有一定的防除垢作用。超声波通过抑制了成垢离子聚合生成垢的过程，从而减少了溶液中成垢的数量。

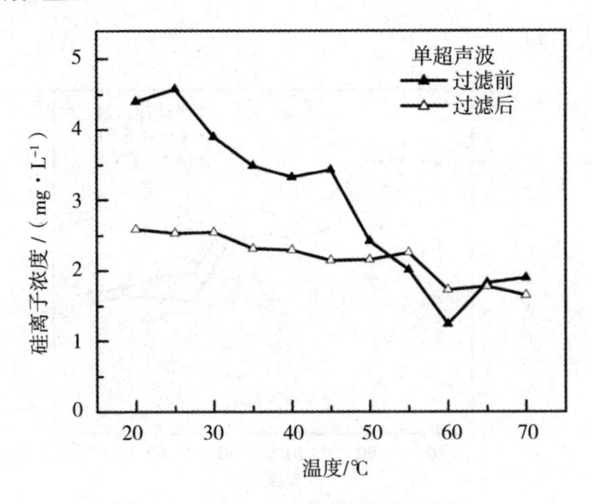

图 7-4　单超声波实验硅含量变化

3. 双超声波实验

图 7-5 呈现了双超声波实验发生器中 Ca^{2+} 浓度的变化趋势。经过超声波

处理的实验溶液中 Ca^{2+} 浓度显著高于未处理实验，这表明超声波对溶液中 Ca^{2+} 含量有显著影响。随着温度升高，双超声波实验中过滤和未过滤的 Ca^{2+} 浓度差异减小，这说明超声波处理抑制了 Ca^{2+} 离子向微晶的转化以及微晶向垢的成长。因此，超声波技术可能通过影响 Ca^{2+} 的转化过程，从而减少成垢的数量。

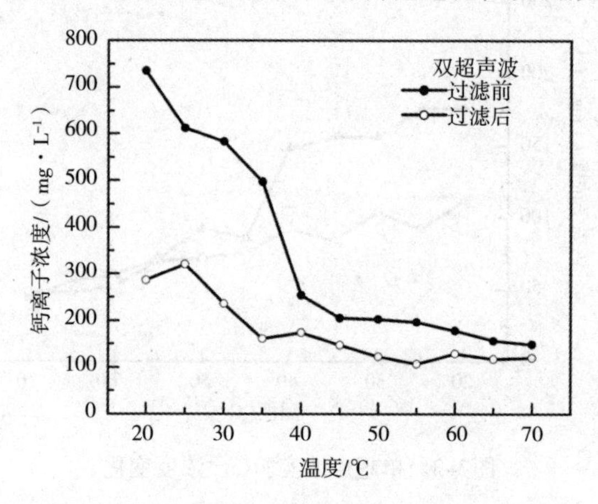

图 7–5　双超声波实验 Ca^{2+} 浓度变化

图 7–6 展示了双超声波实验发生器中硅含量的变化趋势。在空白实验溶液中的硅含量低于双超声波实验，两者变化趋势相似，但空白实验中过滤和未过滤的离子浓度差异大于双超声波实验，这提示双超声波技术能有效减少溶液中的离子结垢量。

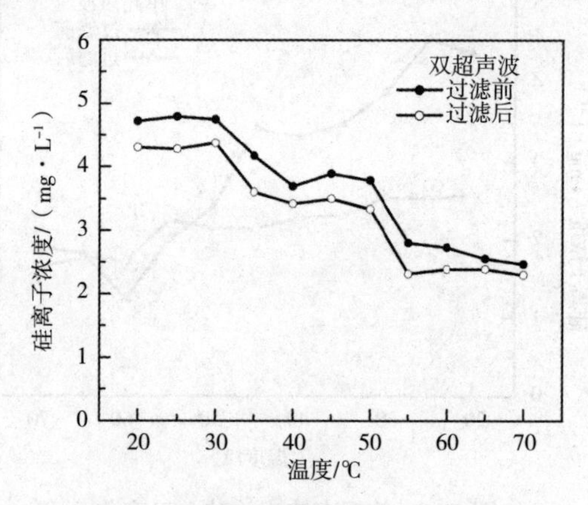

图 7–6　双超声波实验硅含量变化

4. 单双高低频超声波实验

图 7–7 显示，在单超声波处理条件下，Ca^{2+} 浓度显著低于双超声波实验。

在低频条件下，双超声波呈现出更有效地延缓结垢速率的趋势，导致 Ca^{2+} 浓度达到最高水平。这表明双超声波在减缓结垢速率方面具有优越性，尤其是在低频条件下。然而，在高频条件下，声波的压缩时间减少，导致大部分空化泡未能崩溃。同时，高频超声波在液体中的能量消耗加剧，进一步影响了 Ca^{2+} 浓度的上升。

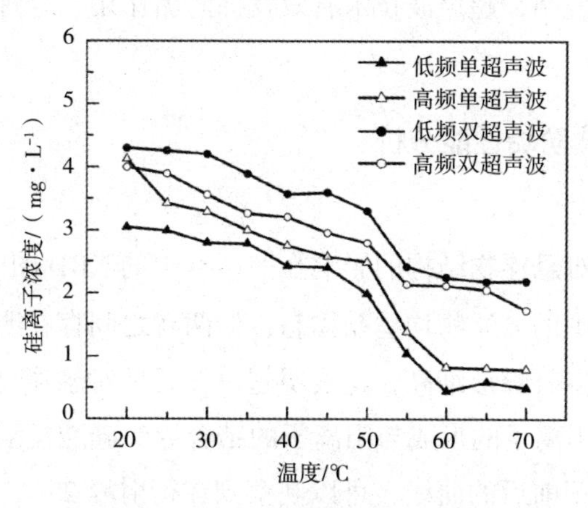

图 7–7　过滤后各实验 Ca^{2+} 浓度变化

图 7–8 显示，在高低频实验中，硅含量的变化趋势与 Ca^{2+} 类似。这进一步验证了超声波处理对结垢速率的影响，同时说明了其对水质中硅含量的影响。另外，通过观察低频双超声波实验的溶液，发现其更浑浊，水质更差，并且有较多松软絮状白色物漂浮于水面上。这表明低频双超声波实验对水中杂质的清除更为彻底，但也意味着可能需要更多的后续处理改善水质。

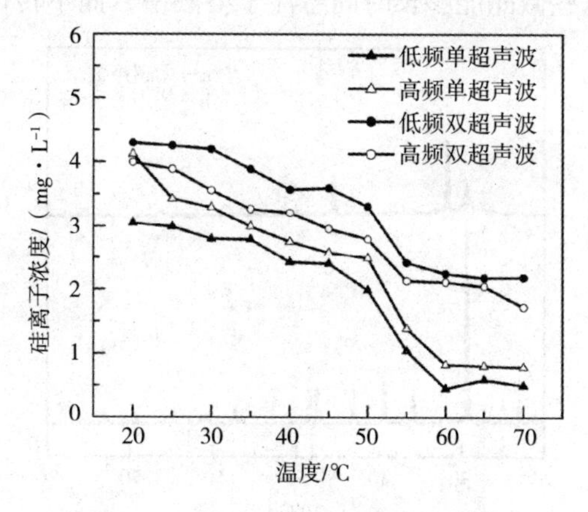

图 7–8　过滤后各实验硅含量变化

（三）超声波防垢率测定

对挂片采取不同处理方式后静置 6 小时观察挂片质量变化，得出结论：计算平均结垢率和平均防垢率，发现平均防垢率越高，防垢效果越好。具体结果显示，低频双超声波的防垢效果优于其他超声波，其防垢率可高达 80.92%。该研究表明，超声波技术有效发挥防垢作用，合理应用可产生良好的防垢效果。

（四）超声波防垢性能分析

1. XRD 表征

超声波处理对悬浮物结构的影响在图 7–9 中的 XRD 图中得以清晰展现。处理前后，容器中的悬浮物均呈晶体态，但两者之间存在明显差异。在处理前，衍射峰数量多且峰形细高，这表明超声波处理对悬浮物的结构产生了显著影响。Si/O 络阴离子的形成与阳离子的结合导致硅酸盐溶液沉淀垢变得复杂。通过对比处理前后的曲线，可以观察到在衍射峰 23°、36°、39°、43° 和 47° 处存在额外的衍射峰，Jade 5.0 分析表明硅垢中含有多种物质，如 $Na_2Ca_2Si_2O_7$、$Na_2CaSi_5O_{12}$、$CaSi_2$、$Ca_3SiO_4C_{12}$ 和 $NaCaSiO_4$ 等。在 2θ 为 29° 处的 $CaSi_2O_5$ 衍射峰在处理前后样品均出现，但处理后峰强度减弱且峰型更宽，这暗示超声波处理引起了硅酸钙晶体结构的改变。而经过超声处理的样品在 2θ 为 32° 和 45° 处多出两个衍射峰，分别对应 $CaSiO_3$ 和 Ca_2SiO_4，这表明硅酸钙微晶的生成。这些微晶能够长时间悬浮于溶液中，而不转化成沉淀。

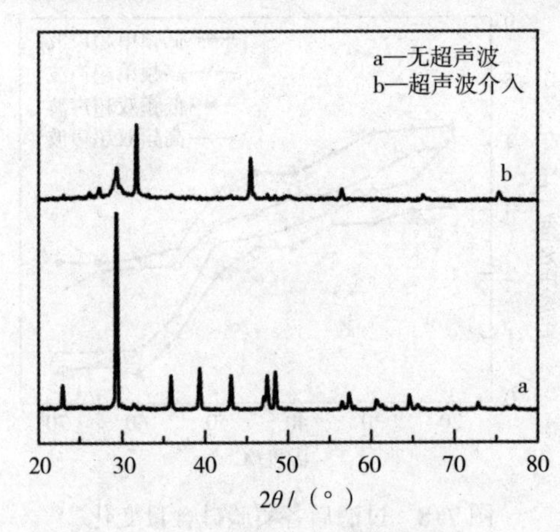

图 7–9　有无超声波处理器中悬浮物的XRD图谱

综上所述，一旦超声波介入，部分晶面消失，导致颗粒尺寸减小，晶体形态改变，结晶度降低。超声波可能通过空化作用增强溶液中成垢离子的活性，导致垢晶状态出现体积缩小、数量减少及生长无规则等变化。这一过程降低了溶液的结晶度，但改善了液体的流动性。因此，超声波对晶体的影响体现在颗粒尺寸、晶体形态以及结晶度上的变化。尺寸减小和形态改变可能导致结晶性质的变化，而结晶度的降低表明晶体结构的不完整性增加。这种变化对于某些工业过程可能是有益的，因为它可能改善了溶液的流动性和处理特性。

2. SEM 表征

未经超声波处理的垢样呈现出颗粒粗大、大部分呈菊花状聚集、结构致密等特征。相反，经过超声波处理后的垢样颗粒更加细小，聚集减少，呈现分散态。此外，垢层内存在大量空洞，结构更为疏松。超声波的作用机理包括空化作用和剪切作用。空化作用通过阻滞拟稳态硅酸钙晶胚的生长，减少了稳定生长源，从而延长了诱导期。而剪切作用则阻碍了微晶向垢层附着，使金属表面无法形成致密的垢层。这种垢层的致密性对管道和设备表面的保护至关重要，但剪切作用导致的垢层疏松性使得垢层易于脱落，并且在溶液中悬浮大量微晶。因此，超声波处理不仅改变了垢样的物理性质，还通过空化和剪切作用达到了有效的防垢效果，为垢层的疏松化提供了可行途径。

二、超声波防除垢机理

在管道防除垢中，超声波的应用带来了显著的物理与化学变化。在超声波作用下，管道内垢层经历了显著变化。紧密垢层表面会先出现孔洞，使其变得疏松。随后，垢层逐渐脱落，并随水流排出管道。这种作用不仅具备了除垢效果，还能抑制部分垢的沉积，从而具备防垢的功能。其作用机理包括以下方面：

（一）空化作用

超声波在液体中产生的空化效应是一种重要的物理现象，它涉及声波能量在液体中传播并引发气泡形成的过程。这种效应的动力学过程包括空化核的形成、振动、膨胀、闭合以及崩溃。当超声波作用于液体时，会导致局部压力降低，促使气体析出形成微小气泡。这些气泡会在声波的作用下不断振动、膨胀，并最终闭合或崩溃。这些气泡和空隙的形成具有一定的特殊性质，尤其是当气泡闭合时，内部气体的温度可达到惊人的16000K，而周围液体的温度则可能高达5000K。而当气泡发生崩溃时，它会释放出巨大的能量，产生高达50MPa的压力，并且射流速度约为400K/s，带有强烈的冲击力。

在清洗领域，超声波的应用展现出了显著的实用价值。研究表明，超声波作用能够有效击碎管壁上的垢层，使其分散成细小颗粒，便于水流将其带出管道，从而达到高效的除垢效果。这一效果得益于超声波空化效应，它不仅具有击碎垢层的功能，还对垢的形成具有抑制作用。具体来说，超声波的作用影响了垢的晶核成长和晶格成长，从而使垢层难以形成。

（二）活化作用

超声波对水的影响是多方面的。首先，超声波能够促进水中电离平衡向右移动，这意味着它能够增加水中的离子浓度，从而影响水的化学性质。其次，超声波在水中产生高能量，这导致水分子裂解，生成了H自由基和OH基团。这些自由基的产生对于垢的清除至关重要。H自由基与垢发生还原反应，促使垢脱落。同时，OH基团与金属成垢离子结合形成配合物，例如$MgOH^+$、$CaOH^+$等，这些配合物的形成提高了水的活化度，增加了其对垢的溶解能力，从而加快了垢的清除速度。

（三）机械作用

超声波技术是一种在液体介质中通过机械发挥作用的技术。其作用机制主要体现在以下几个方面。首先，超声波振动能够引起液体介质内部的剧烈运动，形成机械作用。这种运动使得介质在超声波作用下令空间位置和物态发生改变。其次，由于不同频率的超声波振动与管壁垢及金属的振动频率不同，因此可以使得垢层共振脱落，从而起到清洁的效果。此外，超声波在液体介质中传播速度不同，形成剪切力，降低附着力，促使垢层脱落，从而进一步达到清洁效果。同时，超声波还能够增强固液界面的湍动程度，抑制垢的生成，有效防止新的垢层形成。

（四）抑制作用

超声波还能够改变液体介质的物理和化学性质，其中包括缩短成垢离子成核诱导期，形成微小晶核，从而阻碍成垢离子的沉积，减缓积垢的速率。

三、超声波防除垢技术的展望

超声波防除垢技术因具有诸多优点而备受关注。首先，其可连续性使得清洗过程无须中断，极大地提高了管道清洗的效率。其次，无化学污染是该技术的显著优势之一，相比于传统的化学清洗方法，超声波技术不需要添加任何化学试剂，避免了对环境的污染和对操作人员的危害。再次，超声波防除垢技术具有自动化高和操作简单的特点，只需简单的设定参数和监控设备运行状态即可完成清洗过程，大大降低了人工干预的需求，提高了操作的便捷性和安全性。最后，其效率之高更是无可比拟，能够快速而彻底地清除管道内的结垢。然而，超声波技术也存在一些缺点。首先，超声空化作用容易引发金属疲劳，长期使用可能导致管道的损坏和老化，增加了维护成本和风险。其次，超声波清洗过程需要大量的电能支持，这不仅增加了清洗成本，也对环境造成了一定程度的负担。再次，对于某些油污，超声波清洗效果并不十分明显，可能需要辅助其他方法或设备进行处理。最后，超声波清洗过程会产生超声污染，对周围环境和设备造成一定影响。

尽管超声波技术在防除垢领域的研究尚未深入，但相对于化学法防除垢技术，它仍具备诸多优势。这种技术具有投资少、对原油后期处理无影响的特点，能够有效解决油田输送管线结垢问题，从而降低生产成本并提高生产效率。超声波防除垢技术的应用不仅在经济上具有重要意义，而且有助于建设节约型社会。然而，要想更广泛地应用这项技术，就需要深入研究其工作机理和影响因素，以提升该技术的完善度。只有全面掌握各种因素，才能提高技术的使用效率，促进其在工业生产中得到更广泛的应用。

第二节 共聚物硅垢防垢剂的合成及性能

一、硅垢的形成及防垢剂的作用机理

（一）硅垢的形成及影响因素

地下水中的硅酸化合物含量通常比地表水更丰富。这是因为SiO_2不会直接在水中溶解，而以硅酸盐的形式存在，是水中SiO_2的主要来源。水中的SiO_2以多种形式存在，包括悬浮硅、活性硅、胶体硅、聚硅酸盐溶解和解硅酸盐等。水中硅的氧化物通常表示为$x SiO_2 \cdot y H_2O$，其中包括正硅酸H_4SiO_4（x=1，y=2）、偏硅酸H_2SiO_3（x=1，y=1）、二偏硅酸$H_2Si_2O_5$（x=2，y=1）、焦硅酸$H_6Si_2O_7$（x=2，y=3）等。尽管水中微量硅酸被溶解的数量很少，但其中正硅酸和偏硅酸是主要的存在形式。要形成多硅酸和聚硅酸，正硅酸和偏硅酸需要相互聚合。

pH值在水中的硅酸盐溶解过程中扮演着至关重要的角色。当水体的pH小于9时，每升水可溶解约2mg的硅酸盐，以SiO_2计算大约为120mg。硅酸盐在水中的过量溶解会导致无定形SiO_2析出，生成悬浮硅或胶体硅。当水体的pH值大于9时，溶解的硅酸盐增多，主要以多硅酸或聚硅酸的形式存在。然而，要形成硅垢，需要金属离子如Ca^{2+}、Mg^{2+}、Al^{3+}、Fe^{3+}等作为催化剂促使硅酸盐沉淀，否则其不会自行形成硅垢。在硅垢形成过程中，金属离子发挥了重要作用，它们促进悬浮硅的沉淀，从而形成难以去除的硅垢。硅垢的主要形成途径是硅酸聚合脱水反应，而pH值的变化直接影响水中硅酸盐的溶解量，进而影响硅垢的形成和特性。这个过程涉及以下多个步骤：

1. 生成硅酸

硅酸的形成受pH值的影响，这是化学环境中的一个关键因素。当pH值大于 13.4 时，硅酸的主要形式是 $H_2SiO_3^{2-}$，这是一种亚硅酸盐离子。而当 pH 值为 10.6 时，硅酸以 $Si(OH)_4$ 的形式存在。这种现象说明，在碱性条件下，硅酸的结构会发生显著变化。随着 pH 值的变化，硅酸的形态也会相应变化，包括 $H_2SiO_3^{2-}$、$SiO(OH)^{3-}$ 和 $Si(OH)_4$ 等形式。

2. 生成多聚硅酸

在碱性条件下，硅酸并不稳定，会发生聚合反应形成多聚硅酸。这种反应导致硅酸分子形成了一种球形颗粒状结构，通常表示为 $(OH)_{2n+2}SiO_{n-1}$。

3. 生成凝胶

多聚硅酸在碱性条件下会进一步发生缩合反应，形成凝胶。凝胶的分子式通常表示为 $SiO_n(OH)_{4-n-m}(ONa)_m$。这种凝胶的形成是多聚硅酸分子之间发生交联和聚合的结果，在这种结构中，硅原子与氧和羟基形成了网络状的结构，而部分羟基可能被钠取代。

4. 生成无定型 SiO_2

凝胶通过脱水反应形成无定型 SiO_2，这一过程是由凝胶逐渐失去水分而形成的。然而，无定型 SiO_2 并非静止不动，它在温度、摩擦力等作用下会不断增长并沉积，最终形成难以去除的硅垢。

（二）防垢剂的作用机理

低限抑制、晶格畸变、螯合、静电斥力等是防垢剂主要的作用机理。

1. 低限抑制机理

防垢剂能够在水中阻止或抑制垢盐的形成，其关键在于它们能够干扰垢盐晶种的生成过程。防垢剂使水中缺乏必要的晶种，因此垢盐无法形成。这种机理在使用类似聚磷酸盐的防垢剂时尤其突出。这些防垢剂与垢盐化合物分子之间并没有定量的化学作用，而且所需用量很少。

2. 晶格畸变机理

积垢的形成是一个连续的过程，包括晶种、底垢和次生垢的生长发育。一旦晶种成为底垢，便会持续发育。底垢是各种垢盐生成的基础，次生垢可能与矿物颗粒等杂质形成。次生垢不断被黏附在底垢上，最终形成积垢。然而，防垢剂的使用可能扰乱这一过程，使小晶体中毒，导致晶体异变，难以成为底垢。没有底垢，积垢无法形成。此外，防垢剂用量少且效率高，与垢盐化合物分子之间没有明确的定量化学关系，这使得防垢剂的使用更加复杂。

3. 螯合机理

螯合剂或络合剂是另一类防垢剂，它们能够与成垢阳离子形成稳定的可溶络合物，从而降低垢盐生成的可能性。例如，EDTA 类化学剂的防垢机理为：

$$EDTANa_2+Me^{2+}=EDTAMe+2Na^+$$

水处理中的关键挑战之一是处理水中的成垢阳离子，如 Ca^{2+}、Mg^{2+}、Ba^{2+}，它们会在管道和设备表面形成不良的水垢。Me^{2+} 通常指代这些离子。根据反应式，螯合剂（如 $EDTANa_2$）与成垢阳离子的反应符合“定比定律”，即每个 $EDTANa_2$ 分子只能与一个成垢阳离子反应。因此，防垢剂的用量需根据水中成垢离子的浓度来确定。

4. 静电斥力机理

一些防垢剂，例如聚羧酸盐类，它们带有负电荷，因解离而产生。它们吸附在晶核或微晶颗粒上，赋予晶体负电荷。这种静电斥力使得晶体不易聚集、长大，从而有效抑制了垢的生成。

二、防垢剂 EAS 的合成及其性能

水溶性聚合物在水处理系统中的广泛应用源于其多功能性，通过引入含羧基、酯基、磺酸基、膦酰基、酰胺基等官能团的单体，其具备了抑制水垢形成的能力。马来酸类、丙烯酰胺、丙烯酸类、磺酸类共聚物因具有出色的阻垢性能备受青睐，为水处理领域提供了有效的解决方案。聚环氧琥珀酸作为一种公认的绿色水处理剂，以其螯合多价金属阳离子的特性而闻名，成为防止水垢形成的有效螯合剂之一。另外，PESA（聚环氧丙烯磺酸）整合了钙、镁、铁等离子，并展现出卓越的阻垢性能，尤其适用于高碱高固水质中的阻垢问题。

（一）防垢剂 EAS 的合成

环氧琥珀酸钠（ESAS）、丙烯酰胺（AM）、烯丙基磺酸钠（SAS）作为单体，以过硫酸铵为引发剂，合成 EAS 三元共聚物防垢剂。

1. ESAS 的合成

实验始于向四颈烧瓶中加入了 0.1mol（9.8g）的马来酸酐和 25mL 乙醇水溶液 [（*V*（乙醇）：*V*（水）=3 ：1]，随后进行了充分搅拌，以确保混合均匀。随后缓慢滴加了 0.5mol 的氢氧化钠乙醇水溶液（15mL），以保证酐完全水解为马来酸盐。随后，实验中加入了 1.0mmol 的钨酸钠结晶体（0.3g）。反应温度逐渐升至 50℃，并缓慢滴加了 0.55mol ω（H_2O_2）=30% 的水溶液（11.2mL）。

为了控制反应温度不超过 65℃，使用了 *c*（NaOH）=7mol/L 的氢氧化钠溶液调节了反应液的 pH。在反应进行了 3 小时后，将反应液冷却至 4℃，以促使产物析出。产物随后经过 40mL 乙醇水溶液的洗涤，并被置于真空干燥器中进行干燥处理。

2. EAS 的制备

采用蒸馏水、环氧琥珀酸钠、丙烯酰胺、烯丙基磺酸钠以及过氧化氢等物质进行反应，制备了一种新型共聚物，被命名为 EAS。先将反应溶液的 pH 值调节至 4 ~ 5，并将其加热至 80℃，随后滴入过硫酸铵引发剂，使反应温度升至 90℃，从而促使共聚反应的进行。为了进一步处理反应产物，研究人员将其稀释至乙醇溶液中，并通过离子交换柱进行处理，随后经过减压蒸干和真空干燥步骤，最终得到了目标产物 EAS。

采用红外光谱技术确认共聚物结构，通过正交实验确定了最佳的合成条件：共聚温度为 90℃，共聚时间为 3.5 小时，引发剂用量为单体总质量的 12.5%，单体配比为 *n*（ESAS）：*n*（AM）：*n*（SAS）=1.2 ：0.6 ：1。实验结果显示，合成产物对碳酸钙垢具有 88.07% 的防垢性能，应用前景一片大好。

3. 防垢剂 EAS 的结构分析

通过对合成的防垢剂进行红外光谱分析，观察到了几个关键的吸收峰。在红外光谱图中，1669.95cm^{-1} 处的吸收峰对应羧基中的 C ═ O 键，3426.42cm^{-1} 处的吸收峰表示羧基中的羟基（—OH），1192.36cm^{-1} 处的吸收峰对应磺酸基的伸缩振动，3426.75cm^{-1} 处的吸收峰代表 N—H 键，而 1405.36cm^{-1} 处的吸收峰则表明存在 C—N 键。通过吸收峰类型推断，EAS 分子含有磺酸基、羧基以及酰胺基结构。特征吸收峰的分析表明，合成产物是一种三元共聚物，即 EAS。这个结论是基于红外光谱图上吸收峰的频率与已知功能团的对应关系推断出来的。

（二）防垢剂 EAS 的性能评定

在评定 EAS 性能时，主要聚焦于其 ω 固态和水溶解性。评定过程中，观察需在自然光下进行。观察烧杯内 EAS 液体的状态，要求液体澄清，无漂浮物，底部无沉积物，方能判断为溶解。测定显示 ω EAS 固态含量为 45.56%。

1. ρ（防垢剂）对碳酸钙防垢率影响

在温度为 70℃、pH=12 的实验条件下，对于不同浓度的防垢剂（EAS）对碳酸钙防垢率的影响进行了深入研究。结果表明，防垢剂浓度 ρ 在 2 ~ 7mg/L 范围内时，防垢剂浓度的增加与碳酸钙的防垢率增加呈正相关关系。尤其是 ρ 防垢剂浓度在 7mg/L 时除垢率可达到 90%。这一现象的产生归因于防垢剂中的磺酸和羧酸基团具备强大的吸附作用，能够有效吸附难溶盐微晶，从而抑制碳酸钙晶体的生成。此外，防垢剂中的—COOH 和—SO_3H 活性基团与水中的钙离子形成螯合配合物，并吸附于水垢结晶表面。这些作用使微晶带有相同的电荷，导致彼此排斥，进而阻止了晶核的形成并减缓了晶体的增长速率。此外，这些作用还阻止了微晶形成正常的水垢晶体，有效地抑制了水垢的生成。

2. 防垢剂 EAS 的防垢机理

未经防垢剂处理的碳酸钙垢在微观层面呈现为细小颗粒和棒状结晶，其颗粒粒度普遍小于十几微米。这种垢由过饱和的钙离子生成的结晶核心和固相晶胚聚集而成，具有密度均匀、难溶解、稳定性高的特点。然而，一旦加入共聚物防垢剂，观察到垢微观层变得疏松，颗粒和结晶尺寸增大，结晶数目减少，有效地阻止了碳酸钙垢的形成。

EAS高分子聚合物吸附在成垢物微粒表面，增加了负电荷数量，从而阻止了微粒的聚集和长大，使得结垢微粒保持分散状态，难以沉积。此外，EAS高分子聚合物防垢剂含有有效的活性基团，能够稳定金属离子，从而抑制钙垢的生成。其中，防垢剂中的羧酸基团通过螯合作用增强了溶解效果，与垢物表面的正电荷相互作用，增加了微晶之间的斥力，进而抑制了垢物的沉积。此外，磺酸基团的存在提高了防垢剂的亲水性，防止了难溶性钙凝胶的生成，促进了溶解的同时也抑制了结晶的生长。EAS作为水溶性高分子聚合物防垢剂，由于具有卓越的性能表现，在油田防垢分散剂领域具有广阔的应用前景。其能够有效地防止碳酸钙垢的形成和沉积，保护油田设备的正常运行，为油田生产提供了可靠的保障。因此，EAS高分子聚合物防垢剂在工业领域中具有重要的应用意义，并有望成为未来油田防垢领域的主流产品之一。

三、防垢剂PASP的合成及其性能

三元复合驱作为一种新型的强化采油技术，旨在提高高含水油田的采收率。传统方法通常需要大量使用碱来提高原油采收率，然而，这种做法会导致驱替剂三元液在油藏和采出系统中结垢严重。结垢严重会严重影响油井的正常生产，缩短检泵周期，因此，在油田开采过程中，使用防垢剂至关重要。有效的防垢剂能够减少结垢带来的生产问题，延长油井使用寿命，并最终提高采收率。因此，对于高含水油田而言，采用三元复合驱技术的同时，必须配套使用有效的防垢剂，以确保采油过程的顺利进行，最大程度地提高采收率并延长油井的使用寿命。

（一）防垢剂PASP的合成

以马来酸酐和碳酸铵为原料，并依据一定的合成工艺，笔者成功合成了聚天冬氨酸防垢剂。在正交实验中获得了合成它的最佳工艺条件。合成过程如下：

首先，按照一定的碳酸铵与马来酸酐的量比，精确称取这两种原料，并放入特定温度的烘箱中反应。在这一步骤中，通过化学反应生成了聚琥珀酰亚铵。其次，将生成的产物与2mol/L的NaOH溶液混合，以调节pH值至12，并将混合溶液置于50℃水浴中进行水解反应。在此过程中，生成了深红棕色的溶液，表明聚天冬氨酸钠盐的生成。再次，通过逐渐加入盐酸和适量乙醇，将溶液的pH值调节至中性，并在其中逐渐析出聚天冬氨酸。最后，通过过滤和干燥处理溶液，得到了纯净的聚天冬氨酸。

对于最佳合成条件的研究表明，当pH值为12、碳酸铵与马来酸酐的量比为1.3、聚合温度为170℃、聚合时间为90min时，可获得最佳的合成效果。对于聚天冬氨酸的质量浓度为1%时的特征，一些关键特征被确认为质量标准。首先，合成的聚天冬氨酸溶液应该呈现出液体澄清透明的状态，不应有任何漂浮物存在。此外，在烧杯底部也不应有沉积物残留。这样的聚天冬氨酸溶液应该完全溶于水，并且其固含量质量分数达到了55.56%。在防垢剂加量为2 ~ 7mg/L时，防垢率随着加量的增加呈现先增大后减小的趋势，当加量达到5mg/L时，防垢率达到最大值，为97.53%。此外，当介质pH在7 ~ 12范围内变化时，聚天冬氨酸防垢率随着pH值的增大而增大。对于体系温度在50 ~ 90℃范围内的情况，聚天冬氨酸防垢率呈现略微下降的趋势，但仍保持在80%以上，显示了其良好的耐温性。

（二）防垢剂PASP的性能评价

在自然光下观察，聚天冬氨酸液体呈澄清透明状态，未见任何漂浮物，烧杯底部也无沉积物，表明样品的纯度较高。通过判定试样溶解，进一步确认了其良好的溶解性。根据实验结果，聚天冬氨酸固含量的质量分数为55.56%，这反映了样品的含量较为丰富。在测定过程中，维持了严格的测定条件：温度保持在70℃，pH值控制在12，同时添加了3mg/L的防垢剂，最终测定得到的碳酸钙防垢率达到了95.20%。

四、共聚物硅垢防垢剂ADCA的合成及其性能

近年来，三元复合驱采油技术逐渐成为石油工业的焦点。相较于传统技

术，该技术在提高原油采收率和降低水含量方面表现显著。在油田生产运作中，三元液与岩石矿物反应会引发溶蚀现象，造成体系温度和 pH 值的改变。这种反应产生的硅酸盐垢硬度高且难以处理。硅酸盐垢在油藏环境和注采系统设备内积聚，可能导致油气通道堵塞、腐蚀甚至管道爆炸，严重影响油田的正常生产。此外，结垢现象限制了三元复合驱采油技术的应用。然而，通过添加适量的硅垢防垢剂，可以有效削弱或避免结垢问题，从而解决实际生产中的困扰，确保油田运作的顺畅进行。

（一）共聚物硅垢防垢剂 ADCA 的合成

笔者选择了乌头酸（AA）、二乙醇胺（DEA）、柠檬酸（CA）和丙烯酰胺（AM）合成共聚物硅垢防垢剂。这些化合物含有多种官能团，包括酰胺基、羧基和醇羟基，它们协同作用，实现了防垢效果。相比传统的化学防垢剂，这种共聚物硅垢防垢剂具有生物降解的特性，对生态环境影响较小，符合“绿色化工”的理念。

为合成乌头酸，需先将定量的柠檬酸和硫酸加入烧瓶中。随后，配置温度计和搅拌器以确保反应过程的控制，并加热搅拌使其完全熔化。在维持一定温度下进行 1.5 小时的恒温反应，待反应结束，将产物冷却至室温备用。随后使用液相色谱进行检测，得到的收率为 81.3%。

合成共聚产物 ADCA，要先在装有滴液漏斗和回流冷凝器的烧瓶内加入 50% 乙醇和乌头酸反应液，同时通入氮气以提供惰性气氛。将其置于 60℃水浴锅中，持续加热并搅拌至完全水解，适时调整温度。然后依次加入定量二乙醇胺、柠檬酸、丙烯酰胺以及异丙醇，并进行均匀搅拌。此过程中，缓慢滴加定量过硫酸铵，进行一定时间的聚合反应。最后，将其冷却至室温，通过多次用甲醇沉淀、抽滤和干燥处理，得到白色粉末状的 ADCA 产物。

在 75℃的合成工艺条件下，经过 2 小时的反应时间，使用 5% 的引发剂和单体摩尔配比为 AA ∶ DEA ∶ CA ∶ AM=2.0 ∶ 1.0 ∶ 1.0 ∶ 1.2，产物呈现为白色固体粉末，其纯度符合预期合成要求。

为了纯化产物，采用了甲醇提纯干燥的方法。在反应过程中，保持氮气通入的气氛条件，以避免酯类物质氧化及其他副反应的发生，尤其是酯化反应。提纯方法采用甲醇沉淀提纯法，得率为78.95%。该产物具有水溶性，并且属于四元共聚物。

（二）共聚物硅垢防垢剂 ADCA 的性能评价

实验的第一步是在500mL的烧杯中配置500mg/L的Na_2SiO_3溶液，并添加适量的$CaCl_2$、$MgCl_2$固体以及硅垢防垢剂ADCA。第二步，使用盐酸和氢氧化钠调节溶液的pH至约为7。第三步，将溶液置于水浴锅中，恒温加热至50℃，并持续加热10小时。第四步，通过0.45μm的微滤膜进行抽滤，得到垢样，并随后进行烘干。

对防垢剂添加前后的垢样进行结构和组成分析采用了X射线衍射（XRD）、傅里叶变换红外光谱（FT—IR）和扫描电镜（SEM）。此外，为了评估防垢剂的效果，测定了添加防垢剂前后两种溶液中硅离子的浓度变化。另外，采用硅钼蓝法测定共聚物对硅垢的防垢效果，并据此计算防垢率。

实验结果表明，ADCA适用于pH约为8、温度低于70℃的环境。在pH为8、温度为60℃的条件下，当防垢剂加入量为70mg/L时，其对硅垢的防垢率可达到77.84%。

尽管ADCA的防垢率未能达到市面上其他防垢剂的标准（未达到80%），但其仍具有一些明显的优势。首先，ADCA的原料普遍且价格低廉，合成流程简单且成本低廉，这使其在大规模应用中具有明显的经济优势。其次，与其他防垢剂相比，ADCA对水质的污染较小，这使其更适合用于三元复合驱油管道阻垢等对水质要求较高的领域。

五、共聚物硅垢防垢剂 ACAA 的合成及其性能

（一）共聚物硅垢防垢剂 ACAA 的合成

为合成具有多种官能团的共聚物硅垢防垢剂ACAA，笔者以乌头酸（AA）、柠檬酸（CA）、丙烯酸（AC）、2–丙烯酰胺–2–甲基丙磺酸（AMPS）作为单体。

在合成ACAA的过程中采用了一系列严谨的操作步骤。首先，利用四

口烧瓶，将 50% 乙醇和定量的乌头酸（AA）置于 50℃的恒温水浴锅中。随后，通过电动搅拌器（转速 800r/min）搅拌，将温度逐渐升至 70℃，直至 AA 完全水解。接着，依次加入柠檬酸（CA）、2- 丙烯酰胺 -2- 甲基丙磺酸（AMPS）、丙烯酸（AC），并缓慢滴入过硫酸铵，整个聚合过程持续 3 小时。最终，通过甲醇提纯，得到淡黄色黏稠状共聚产物 ACAA。为了对 ACAA 的结构进行表征，研究人员将烘干后的样品与 KBr 研磨制成片，并利用红外光谱仪进行了详细的结构分析。

通过实验验证，确定了最佳合成条件：聚合温度为 70℃，聚合时间为 3 小时，过硫酸铵的加量为 15%，而单体配比为 AA ∶ CA ∶ AC ∶ AMPS = 2.0 ∶ 1.5 ∶ 1.0 ∶ 0.8。最终获得的 ACAA 具有一系列特征：外观为浅黄色透明黏稠状液体，在自然光下清澈透明，无悬浮物，固含量达到了 58.19%。

（二）共聚物硅垢防垢剂 ACAA 的性能评价

在实验条件下，ACAA 在 pH 约为 8 且温度低于 70℃时表现出良好的防垢效果，特别是在 pH=8、温度为 55℃时，80mg/L 的 ACAA 对硅垢的平均防垢率可达 76.23%。

其多重作用机制主要包括吸附作用和分散作用。

吸附作用方面，ACAA 的分子链含有亲核基团，例如酰胺基、羧基和羰基，这些基团能够吸附在晶体表面，并且干扰晶体结晶的生长过程，导致晶格畸变，使晶体更容易破裂，从而阻碍垢的正常生长。

分散作用方面，ACAA 的大分子聚合物与成垢晶粒之间发生物理化学吸附，这阻碍了成垢离子与基团的凝结，减少了成垢粒子与接触面的接触机会，使成垢晶粒更均匀地分散于水中，无法聚集成沉淀物。

六、共聚物硅垢防垢剂 ITSA 的合成及其性能

（一）共聚物硅垢防垢剂 ITSA 的合成

笔者合成了一种含有多官能团的四元共聚物硅垢防垢剂（ITSA），其成

分包括衣康酸（IA）、三乙醇胺（TEA）、烯丙基磺酸钠（SAS）、丙烯酰胺（AM）。ITSA 以多功能基团同时存在于同一分子中的特点而闻名，这种设计使其能够充分发挥各官能团之间的协同防垢作用。

在合成过程中，先将 IA、TEA、SAS、AM 依次加入 70% 乙醇溶液中，并将温度保持在 65℃。随后，滴加过硫酸铵作为引发剂，在 3h 内完成聚合反应，最终得到一种黄色、黏稠的液体产物。

经过实验验证，ITSA 的最佳合成条件为：聚合温度为 65℃，聚合时间为 3h，引发剂与单体的比例为 8%，而单体配比为 n（IA）：n（TEA）：n（SAS）：n（AM）=1.0 ：1.8 ：0.2 ：1.5。该产品具有淡黄色透明的黏稠液体形态，在这一条件下，对硅垢的防垢率达到 72.11%。

（二）共聚物硅垢防垢剂 ITSA 的性能评价

四元共聚物防垢剂 ITSA 的水溶液呈现出整体澄清透明的状态，自然光下无漂浮物，且烧杯底层无杂质。其固含量达到 13.85%。

研究表明，随着 pH 值的升高，防垢率逐渐降低。在 pH=7 ~ 8 的范围内，防垢率能保持在 65% 以上，显示出良好的防垢效果；然而，在 pH=9 ~ 11 的范围内，防垢率则降至 60% 以下，因此不适用于强碱体系。

随着体系温度的升高，硅垢防垢率逐渐减小。在 40 ~ 60℃的范围内，防垢率变化较为缓和，但当温度超过 60℃时，防垢率急剧下降，这表明其耐温性较弱。

综上所述，四元共聚物防垢剂 ITSA 适用于 pH=7 ~ 8，且温度低于 60℃的体系。

在未添加防垢剂的情况下，管道内的垢样呈现出晶粒尺寸小、排列紧密、规则有序的特征，这种结构使得垢层难以被有效冲刷。然而，一旦添加了防垢剂，观察到的垢样晶粒数量减少、尺寸增大、排列无规则，形成了易被冲刷的疏松垢层。

这种变化的原因在于防垢剂的加入导致了晶格的畸变，阻碍了晶体的正常成长，使得垢晶体呈现不规则的形态。此外，部分防垢剂分子可能进入晶格中，导致垢的硬度降低，形成大量空洞，减弱了晶格的黏合力，使得垢层更易被水冲刷。特别值得一提的是，ITSA（特定的防垢剂）在硅垢方面表现出分散作用，有效阻止了成垢晶粒之间的接触和凝聚，从而抑制了垢的生长。最后，防垢剂还能吸附在晶体表面形成吸附层，阻止了颗粒的沉积并减少了与接触面的紧密接触，进一步减缓了垢层的形成过程。

七、含醚键的四元共聚物防垢剂的合成及性能

（一）含醚键的四元共聚物防垢剂的合成

合成的四元共聚物防垢剂，融合了羧基、次亚膦酸基、酰胺基和醚键等多种功能团。在创新设计方面，研究团队引入了醚键合成防垢剂，旨在实现不同功能基团在同一分子中的协同效应，以提高防垢效果。这项研究表明，该防垢剂在防硅垢和碳酸钙垢上的表现优于目前已有的研究成果。这表明，该防垢剂在应对水垢问题上具有潜在的应用前景。醚键的引入不仅提升了分子的稳定性，还增强了其在水处理中的适用性。

首先，将马来酸酐溶解于溶剂中，并将溶液的 pH 值调节至 4 ~ 5；其次，在 30 分钟内进行水解，并加入次亚磷酸钠，将温度升至 85℃；再次，依次加入聚乙二醇和丙烯酰胺，搅拌均匀后再加入过硫酸铵和亚硫酸氢钠；最后，在 85℃下共聚 4 小时，从而得到红褐色的共聚物。

研究结果显示，最佳的合成条件为：温度为 85℃，反应时间为 4h，而单体比例方面，马来酸酐、丙烯酰胺和聚乙二醇的比例分别为 0.1 ∶ 0.08 ∶ 0.004，次亚磷酸钠的使用量占 18%。同时，引发剂的使用量也是影响合成效果的重要因素，其中，过硫酸铵的比例为 75%，亚硫酸氢钠占 25%。

（二）含醚键的四元共聚物防垢剂的性能

在 60℃测试温度下，随着防垢剂用量的增加，硅垢的防垢率最先增加，这是因为防垢剂能够有效地阻止硅垢的沉积。随着防垢剂浓度的增加，防垢率并非一味地增加，而是在达到一定水平后出现了减小的趋势，即防垢剂用量为 100mg/L 时，防垢率达到了最大值 67.2%。

在70℃的测试温度下，随着防垢剂用量的增加，碳酸钙垢的防垢率却呈现上升的趋势。特别是当防垢剂用量为100mg/L时，防垢率可以达到96.3%，被认为是理想的水平。这表明100mg/L的加入量是最佳选择。

综上，可溶性四元共聚物防垢剂的防垢效果较好，防垢剂用量为100mg/L时，硅垢的防垢率达到最大值67.2%，碳酸钙垢的防垢率接近100%。

由四元共聚物加入前后垢样扫描电镜结果可发现，加入四元共聚物防垢剂前后垢样发生了晶格畸变：未添加防垢剂时，碳酸钙垢的微晶成长过程呈现出致密坚硬的特征，其形成受到晶格排列的规律约束。然而，一旦添加了防垢剂，其在晶体表面吸附或掺杂晶格内部，从而干扰了碳酸钙结晶的正常生长过程。这种干扰导致了内部应力的增加，使得晶体易于发生畸变和破裂。在水中，聚合物分子会发生水解，形成带负电荷的离子，这些离子会吸附在碳酸钙垢微晶的表面上。这一过程不仅增加了微晶表面的负电荷密度和电位，而且加强了微晶之间的静电排斥力。因此，防垢剂的作用在于阻止了碳酸钙微晶粒子的聚集生长，从而减少了硅垢形成所需的晶核数量，降低了硅垢的形成程度。

八、四元共聚物防垢剂的制备及性能

（一）MEAS四元共聚物防垢剂的制备及性能

以马来酸酐、环氧琥珀酸钠、丙烯酰胺、烯丙基磺酸钠为单体，合成了一种无毒、无磷的新型四元共聚物碳酸钙防垢剂。最佳合成条件为：引发剂用量为单体总质量的15%，单体配比 n（MA）：n（ESAS）：n（AM）：n（SAS）=1：1：0.6：1，聚合温度为90℃，聚合时间为3h。在最佳合成条件下测定共聚物的防垢率大于90%，防垢效果较好。

MEAS四元共聚物溶于水，溶解性良好；MEAS四元共聚物固含量为58.26%。

防垢剂加量在10～30mg/L时，MEAS四元共聚物的碳酸钙防垢率随防垢剂用量的增加而先增加后减小，这是由于防垢剂的低剂量效应。

随着共聚温度的升高，合成的防垢剂的防垢率先升高后下降，在60 ~ 70℃范围内防垢率升高较明显。在90℃时防垢率达最大值92%。温度高于90℃后防垢率反而降低。

pH值增大时，MEAS四元共聚物防垢率先增大后减小，当pH=9时，四元共聚物的防垢率达到最大值92%。

（二）AEAS四元共聚物防垢剂的制备及性能

以丙烯酸（AA）、烯丙基磺酸钠（SAS）、丙烯酰胺（AM）、环氧琥珀酸钠（ESAS）为单体，过硫酸铵为引发剂，合成出ASAE四元共聚物防垢剂。最佳合成条件为：引发剂用量为单体总质量的15%；反应温度为80℃；n（AA）：n（SAS）：n（AM）：n（ESAS）=1：1：0.6：1.2；反应时间为3h。

在自然光下观察，烧杯内测定条件下的四元共聚物液体澄清透明，液面上无漂浮物且烧杯底部无沉积物，ASAE四元共聚物防垢剂溶于水。AEAS四元共聚物固含量测定为51.36%。

防垢剂加量在2 ~ 7mg/L时，碳酸钙防垢率随防垢剂加量的增加而先增大后减小，防垢剂加量为6mg/L时，碳酸钙防垢率达最大值。

在pH值为7 ~ 12时，碳酸钙防垢率随体系pH值的增大而先增大后减小。

当温度控制在40 ~ 80℃范围内时，四元共聚物的碳酸钙防垢率随着温度的升高而降低。在最佳合成条件下，共聚物的防垢率为86.72%，防垢效果较好。

（三）EAS四元共聚物防垢剂的制备及性能

以环氧琥珀酸钠（ESAS）、丙烯酰胺（AM）、烯丙基磺酸钠（SAS）为单体，过硫酸铵为引发剂，合成了三元共聚物EAS防垢剂。红外谱图分析表明，合成的产物分子中含有磺酸基、羧基、酰胺基的特征吸收峰，故推断合成的产物为防垢剂EAS。

正交试验表明，防垢剂EAS的最佳合成条件为：共聚温度为90℃，共聚时间为 3.5h，引发剂用量为单体总质量的 12.5%，单体配比 *n*（ESAS）：*n*（AM）：*n*（SAS）=1.2 ∶ 0.6 ∶ 1。在对碳酸钙的防垢率测定中，主要影响因素为引发剂的用量。

防垢剂 EAS 的质量分数为 1% 时，液面上无漂浮物，液体澄清透明且底部无沉积物，EAS 溶于水，固含量为 45.56%。

防垢剂加量在 2 ~ 7mg/L 时，防垢率随防垢剂加量的增加而增大，加量为 7mg/L 时，防垢率达最大值（接近 90%）。

第三节　油田结垢处理技术

一、油田垢的成垢机理

垢的形成是指在特定条件下，过饱和离子形成复杂晶体。当溶解度小的晶体从水中析出为固体物质时，形成垢。在油田开发中，垢形成是混合结晶过程，水中悬浮的粒子可作为晶种。粗糙表面或其他杂质离子可加速垢的结晶过程。此外，溶液在低饱和度下更容易析出结晶。形成垢的条件如下：

（一）溶度积

当溶度积达到临界值时，溶液中的离子会相互结合形成固体垢沉淀。例如，当含有钙离子和碳酸根离子的水溶液中，钙离子和碳酸根离子的浓度乘积达到了钙碳酸盐的溶度积时，就会发生钙碳酸盐的沉淀。此外，当盐水在高温环境下蒸发时，溶液中的离子浓度会逐渐增加，若超过溶度积，会导致结垢现象的发生。

（二）溶解度

钙碳酸盐（$CaCO_3$）是常见的结垢物质，其溶解度随着温度的升高而降低。这意味着在较高的温度下，水中含有的 $CaCO_3$ 溶解度较低，从而促进了碳酸钙垢的形成。然而，压力的增大却会提高 $CaCO_3$ 的溶解度，这会影响结垢的程度。

（三）pH

水的 pH 值变化会影响水中的化学反应速率和程度，进而影响垢的形成。一般来说，pH 值升高会加剧结垢现象的发生。

（四）化学平衡

油田地层水具有复杂的离子组成，包括钾、钙、钠、镁、钡、锶、氯、碳酸根、碳酸氢根、硫酸根等。水环境的变化会破坏离子之间的平衡，引发无机盐垢的生成。

以碳酸盐结垢为例子，当没有加入注入水时，反应为：

$$CaCO_3 \Longleftrightarrow CO_3^{2-} + Ca^{2+}$$

这时，此反应处于平衡的状态，当把含有较多的 CO_2 的地表水注入储层中时会发生如下反应：

$$CaCO_3 + CO_2 + H_2O \Longleftrightarrow Ca^{2+} + 2HCO_3^-$$

溶液内的平衡移动方向取决于各离子之间的数量关系。当富含 Ca^{2+} 和 HCO_3^- 的混合水通过注水井进入采油井附近时，压力下降，导致 CO_2 从水中逸出，而 Ca^{2+} 则滞留，增加地层水中的 Ca^{2+} 浓度。持续的注水和沉淀积聚加剧了结垢的倾向。此外，含碳酸盐的岩石或矿物在这一过程中不断水解，形成恶性循环。

二、除垢方法

清除管道设备中的结垢是必要的，但不同类型的垢需要用不同药剂来清除。因此，首先需要确定垢的类型。

（一）垢的鉴别

在现场和实验室都可快速分析，现场分析只能定性，而实验室可定量分析。鉴别步骤如下：

第一，样品浸泡在溶剂中，溶去烃类。

第二，检查样品是否有磁性，磁性强，则说明可能有大量的磁性氧化铁 Fe_3O_4。磁性弱，说明只含少量 Fe_3O_4，也可能是硫化铁。

第三，把样品放在 15% 的 HCl 中。若反应强烈、有恶臭，说明有 FeS。酸的颜色如变黄，表明有铁化物。

第四，检查样品在水中的溶解度。NaCl 溶于水、硫酸盐，砂子、淤泥不发生反应，用放大镜可以帮助辨认砂子颗粒或发现硫酸盐晶体。现场鉴别不清，则将样品送实验室分析。如取不到垢样，则需化验管线或设备内流体的组分，如化验注水或污水中各项离子的含量，根据温度、压力条件来估计垢的性质。

（二）除垢剂（溶垢剂）

使用除垢剂前先用溶剂除去垢中的烃类；油、蜡、胶质沥青质，因为烃类妨碍除垢剂与垢反应，对胶质沥青质多的烃类要用芳香度高的溶剂。为了安全，溶剂的闪点应足够高，82 ~ 93℃较好。

1. 除碳酸钙垢

HCl为最便宜的除 $CaSO_3$ 垢剂，使用浓度 5% ~ 15%，其反应为：

$$CaCO_3+2HCl \longrightarrow CaCl_2+CO_2+H_2O$$

用 HCl 除垢应加缓蚀剂防腐蚀，最好再加些表面活性剂，以利于去除油污。

用乙二胺四乙酸（EDTA）螯合 Ca^{2+} 使生成可溶性物质。

2. 除硫酸钙垢（石膏）

硫酸钙垢不与 HCl 反应，因此需先用转化剂把它转化成溶于酸的盐，再用酸处理。

（1）转化剂。无机转化剂常用碳酸盐或氢氧化物如 $(NH_4)_2CO_3$ 转化剂。可将 $CaSO_4$ 化为 $CaSO_3$，然后用 HCl 溶垢：

$$CaSO_4+(NH_4)_2CO_3 \longrightarrow (NH_4)_2SO_4+CaSO_3\text{（可溶）}$$

$$CaCO_3+2HCl \longrightarrow CaCl_2+H_2O+CO_2$$

有机转化剂如柠檬酸钠（$Na_3C_6H_6O_7$），乙二醇酸甲和乙酸钾马来酸二钠等，这些转化剂与硫酸钙垢反应、使垢膨胀变松软，因而易用水冲掉。

（2）螯合剂。例如，EDTA，EDTMP 等，用法、作用如前述。

（3）NaOH。10% 的 NaOH 溶液可溶解 12% 的石膏垢。

（4）盐水。NaCl 溶液中 $CaSO_4$ 的溶解度大大增加，如在 55000mg/L 溶液中 $CaSO_4$ 的溶解度为淡水中的三倍，因此可用盐水除 $CaSO_4$ 垢。

3. 除 $BaSO_4$ 垢

$BaSO_4$ 的溶解度很小，因此是几种垢中最难除的垢。

（1）螯合剂。用有机磷酸及其酯类可除 $BaSO_4$ 垢。

（2）大环聚醚（冠醚）。聚醚的浓度 0.01 ~ 0.05mol/L，另需加一些羧酸盐型表面活性剂，则可提高聚醚对 $BaSO_4$ 的溶解速度。温度为 10 ~ 20℃，溶解时间 15 分钟到 1.5 小时，最多 3 小时，除 $BaSO_4$ 垢的效果是较好的。

环醚除垢机理，除可与垢生成螯合物外，环醚分子内部还可包藏 Ba^{2+}。

使用除垢剂时最好同时加一些润湿剂、渗透剂和分散剂，这样除垢速度较快，效率较高。

4. 除盐（NaCl）垢

对于非 NaCl 垢，最有效的清洗方法是用水冲洗。然而，NaCl 垢并非纯 NaCl，含有其他垢，因此需要较长的水洗时间和大量的水。水冲洗可能效果不佳，需要添加活性剂或其他溶垢组分。

（三）机械除垢

机械除垢是清除管道垢的一种方法，其中清管器（刮管器）被外部包覆磨料，内部填充泡沫塑料，以适应不同管径的管网。尽管单独使用机械方法清除垢的效率较低，但与化学除垢剂结合使用时效果更佳。化学除垢剂能软化垢，使其更容易被机械清除，从而提高了清除效率。另外，一些化学剂具有溶解垢的能力，无须机械清除，只需用清水冲洗即可。

第四节　油田管道的防腐技术

金属腐蚀是金属表面与周围介质发生化学或电化学作用而遭受破坏的现象。除了少数贵重金属外，各种金属都有与周围介质发生作用而转变成离子的倾向，因此腐蚀现象普遍存在且自发进行。“为了保护金属免遭腐蚀，最有效的办法是设法消除产生腐蚀的各种条件，若采用绝缘的覆盖层将金属与腐蚀介质隔离开来，可完全达到防止腐蚀的目的。”为了防止金属腐蚀，可以采用改变腐蚀介质性质的方法。主要的方法之一是使用缓蚀剂来处理腐蚀介质。

一、金属腐蚀的防护

金属腐蚀的防护包括保护层法、阴极保护、去除腐蚀性气体、隔氧技术等，下面主要介绍去除腐蚀性气体技术。

（一）除氧

去除液相中的溶解氧是一种常见的防腐技术，它包括热力学除氧和化学除氧。

1. 热力学除氧

由气体的溶解定律（亨利定律）可知，气体在水中的溶解度与其在液面上的分压成正比，当温度上升时，气水界面上的水蒸气分压逐渐增大，其他气体的分压降低，导致其在水中的溶解度下降而析出，这就是热力学除氧的理论依据。

热力法不仅可去除水中的氧气，还可去除其他腐蚀性气体，如硫化氢和二氧化碳等。

2. 化学除氧

化学除氧是指通过在水中加入化学试剂的方式去除其中的氧，要求化学试剂必须能迅速地与氧完全反应，反应产物和药品本身对系统运行无害等。常用的化学除氧剂有联胺、亚硫酸钠等。

联胺是一种还原剂，可将水中的溶解氧还原：

$$2N_2H_2+O_2 \longrightarrow 2N_2+2H_2O$$

反应产物 N_2 和 H_2O 对系统运行无影响。在高温下，联胺可将三氧化二铁还原为四氧化三铁、氧化亚铁和铁；还能将氧化铜还原为氧化亚铜或铜。联胺的这些性质可用来防止锅炉内铁垢和铜垢的形成。

亚硫酸钠能与水中的溶解氧作用生成硫酸钠，导致水中盐含量上升，同时亚硫酸钠在高温下会分解为硫化钠、硫化氢、二氧化硫等，腐蚀设备，故亚硫酸钠只能用于中压或低压锅炉水处理。

（二）化学去除硫化氢

化学氧化剂和醛类广泛应用于油田水系统中，去除水中的硫化氢。常见的氧化剂有氧、二氧化氯和过氧化氢，醛类包括丙烯醛和甲醛，它们也可作为杀菌剂。

尽管在酸性或中性水中有效，但大量使用化学氧化剂可能导致严重金属腐蚀。硫化氢与氧化剂反应生成胶体硫，具有强腐蚀性。由于水中存在多种与氧化剂反应的物质，实际加量需高于理论值。

二、化学药剂缓蚀防腐

在腐蚀环境中，加入少量能阻止或减缓金属腐蚀的物质以保护金属的方法，称为缓蚀剂防腐。采用缓蚀剂，设备简单、使用方便、成本低、见效快，在油田中广泛应用，是十分重要的一种防腐方法。

（一）缓蚀剂的分类

缓蚀剂的种类有很多，可按其对腐蚀过程的阻滞作用分类，也可按腐蚀性介质的状态、性质分类。

第一，缓蚀剂可根据介质的状态和性质分为液相和气相缓蚀剂。

第二，缓蚀剂的化学成分可划分为无机和有机两类。

第三，缓蚀剂根据阻滞作用机理可归为阳极型受阻滞、阴极型受阻滞以及混合型。

上述分类是对活性金属而言的。对于活性—钝性金属，有促进钝化的缓蚀剂，也有促进阴极反应的缓蚀剂。腐蚀的二次产物所形成的沉淀膜，有时对阴极和阳极都有抑制作用，故称为混合型缓蚀剂。

当腐蚀介质是水时，缓蚀剂为水系统缓蚀剂，其区别于酸缓蚀剂、油气井缓蚀剂。用于水系统的缓蚀剂种类较多，效果差异大，一般按作用机理分类。

（二）缓蚀剂的作用机理

目前缓蚀剂的作用机理尚无统一的认识，主要有以下三种理论：

1. 吸附理论

吸附理论认为，缓蚀剂通过在金属表面形成连续吸附层来隔离腐蚀介质，从而保护金属。这些有机缓蚀剂通过吸附实现缓蚀，其中分子的极性端吸附在金属表面，而非极性端则向外排列。这种排列使得腐蚀介质被缓蚀剂分子挤出，隔绝了金属与腐蚀介质。

2. 成相膜理论

成相膜理论强调，金属表面生成不溶性络合物层，这是金属缓蚀剂和腐蚀介质的离子相互作用的产物。以缓蚀剂氨基酸与铁在盐酸中形成络合物覆盖金属表面为例，这种成相膜的形成有效地阻止了腐蚀介质对金属的侵蚀，延长了金属的使用寿命。

3. 电化学理论

电化学理论指出，金属腐蚀主要发生在电解质溶液中的阴极和（或）阳极反应过程中。缓蚀剂通过阻滞阴极、阳极过程或两者同时实现缓蚀作用。例如，络酸盐在金属表面形成氧化膜，阻滞腐蚀过程。

参考文献

[1] 曹绪龙，王红艳，蒋生祥 . 油田驱油用化学剂分析 [M]. 北京：中国科学技术出版社，2007.
[2] 陈锋 . 表面活性剂性质、结构、计算与应用 [M]. 北京：中国科学技术出版社，2004.
[3] 陈铁龙 . 三次采油概论 [M]. 北京：石油工业出版社，2000.
[4] 陈永红，范凤英，丛洪良 . 油田污水水质改性技术 [M]. 东营：中国石油大学出版社，2006.
[5] 陈勇 . 油田应用化学 [M]. 重庆：重庆大学出版社，2017.
[6] 陈忠喜，魏利 . 油田含油污泥处理技术及工程应用研究 [M]. 北京：科学出版社，2012.
[7] 大港油田科技丛书编委会 . 油田地面工程设计与施工 [M]. 北京：石油工业出版社，1999
[8] 戴静君，毛炳生，张联盟 . 海上油、气、水处理工艺及设备 [M]. 武汉：武汉理工大学出版社，2002.
[9] 董国君，苏玉，王桂香 . 表面活性剂化学 [M]. 北京：北京理工大学出版社，2009.
[10] 范洪富，曹晓春，刘文 . 油田应用化学 [M]. 哈尔滨：哈尔滨工业大学出版社，2003.
[11] 冯英明，魏利，李卓，等 . 油田含油污泥热解技术及其应用 [M]. 北京：化学工业出版社，2022.
[12] 冯志强 . 聚合物驱油剂及其应用 [M]. 东营：中国石油大学出版社，2008.
[13] 付美龙，唐善法，黄俊英 . 油田应用化学 [M]. 武汉：武汉大学出版社，

2005.
[14] 韩冬，沈平平 . 表面活性剂驱油原理及应用 [M]. 北京：石油工业出版社，2001.
[15] 韩世川 . 耐酸性低伤害压裂液的研究及性能评价 [D]. 大庆：东北石油大学，2016.
[16] 何勤功，古大治 . 油田开发用高分子材料 [M]. 北京：石油工业出版社，1990.
[17] 侯海云，韩兴刚，冯朋鑫 . 表面活性剂物理化学基础 [M]. 西安：西安交通大学出版社，2014.
[18] 胡新洁 . 生化处理技术在含油污水处理中的应用 [J]. 油气田环境保护，2011，21（3）: 36–38.
[19] 胡之力，张龙，于振波 . 油田化学剂及应用 [M]. 长春：吉林人民出版社，2005.
[20] 黄俊英 . 油气水处理工艺与化学 [M].东营：石油大学出版社，1993.
[21] 惠晓霞 . 油田化学基础 [M]. 北京：石油工业出版社，1988.
[22] 霍进，石国新，聂小斌 . 环烷基石油磺酸盐 [M]. 北京：石油工业出版社，2020.
[23] 金谷 . 表面活性剂化学 [M]. 2 版 . 合肥：中国科学技术大学出版社，2013.
[24] 金丽梅 . 油田废水纳滤处理技术 [M]. 哈尔滨：哈尔滨工程大学出版社，2020.
[25] 寇杰，罗小明 . 油田水处理 [M]. 东营：中国石油大学出版社，2018.
[26] 雷乐成，杨岳平 . 污水回用新技术及工程设计 [M]. 北京：化学工业出版社，2002.
[27] 李兵，张承龙，赵由才 . 污泥表征与预处理技术 [M]. 北京：冶金工业出版社，2010.
[28] 李干佐，房秀敏 . 表面活性剂在能源和选矿工业中的应用 [M]. 北京：中国轻工业出版社，2002.
[29] 李化民，苏显举，马文铁，等 . 油田含油污水处理 [M]. 北京：石油工业

出版社，1992.

[30] 连经社，刘景三，赵强，等 . 油田化学应用技术 [M]. 东营：中国石油大学出版社，2007.

[31] 刘德绪 . 油田污水处理工程 [M]. 北京：石油工业出版社，2001.

[32] 柳桂永 . 超高分子聚乙烯内衬油管在油田应用效果分析 [J]. 中小企业管理与科技（中旬刊），2020（12）：177–178.

[33] 龙安厚 . 钻井液技术基础与应用 [M]. 哈尔滨：哈尔滨工业大学出版社，2014.

[34] 陆大年 . 表面活性剂化学及纺织助剂 [M]. 北京：中国纺织出版社，2009.

[35] 陆柱，郑士忠，钱滇子，等 . 油田水处理技术 [M]. 北京：石油工业出版社，1990.

[36] 马宝岐，吴安明 . 油田化学原理与技术 [M]. 北京：石油工业出版社，1995.

[37] 马大谋 . 石油化学基础知识 [M]. 北京：石油化学工业出版社，1975.

[38] 马喜平，全红平 . 油田化学工程 [M]. 北京：化学工业出版社，2018.

[39] 马自俊 . 油田开发水处理技术问答 [M]. 北京：中国石化出版社，2003.

[40] 梅自强 . 纺织工业中的表面活性剂 [M]. 北京：中国石化出版社，2001.

[41] 裴建忠 . 胜利油田钻井液工艺技术 [M]. 东营：中国石油大学出版社，2009.

[42] 孙超，何亚其，赵宇，等 . 膜过滤技术对油田污水处理的研究 [J]. 环境与发展，2020，32（10）：114–116，118.

[43] 孙宏 . 表面活性剂在分析化学和环境上的应用 [M]. 哈尔滨：哈尔滨地图出版社，2006.

[44] 孙焕泉，曹绪龙，张路 . 驱油用表面活性剂的界面化学与界面流变学 [M]. 北京：科学出版社，2016.

[45] 孙焕泉，李振泉，曹绪龙，等 . 二元复合驱油技术 [M]. 北京：中国科学技术出版社，2007.

[46] 孙树强 . 保护油气层技术 [M]. 东营：石油大学出版社，2005.

[47] 滕雪飞，陆芬 . 试论高分子表面活性剂及其在油田中的应用 [J]. 化工管理，2016（33）：84.
[48] 田冷 . 海洋石油开采工程 [M]. 东营：石油大学出版社，2015.
[49] 佟曼丽 . 油田化学 [M]. 东营：石油大学出版社，1996.
[50] 王青涛，中国石化员工培训教材编审指导委员会 . 油田污水处理站运行与管理 [M]. 北京：中国石化出版社，2013.
[51] 王世荣，李祥高，郭俊杰 . 表面活性剂化学 [M]. 3 版 . 北京：化学工业出版社，2022.
[52] 王业飞 . 油田化学工程与应用 [M]. 东营：石油大学出版社，2018.
[53] 魏利，李春颖，唐述山 . 油田含油污泥生物—电化学耦合深度处理技术及其应用研究 [M]. 北京：科学出版社，2016.
[54] 吴淑平 . 含油污水处理中膜分离技术的应用 [J]. 科技传播，2011（8）：167，169.
[55] 徐宝财，张桂菊，赵莉 . 表面活性剂化学与工艺学 [M]. 北京：化学工业出版社，2017.
[56] 许明标，刘卫红，文守成 . 现代储层保护技术 [M]. 武汉：中国地质大学出版社，2016.
[57] 薛丹 . 污泥的处理与处置技术探析 [J]. 环境保护与循环经济，2012（5）：58–61.
[58] 杨继生 . 表面活性剂原理与应用 [M]. 南京：东南大学出版社，2012.
[59] 杨昭，李岳祥 . 油田化学 [M]. 哈尔滨：哈尔滨工业大学出版社，2019.
[60] 姚志光，白剑臣，郭俊峰 . 高分子化学 [M]. 北京：北京理工大学出版社，2013.
[61] 于涛，等 . 油田化学剂 [M]. 北京：石油工业出版社，2002.
[62] 于忠臣，王松，阚连宝，等 . 油田污水处理和杀菌新技术 [M]. 哈尔滨：哈尔滨地图出版社，2010.
[63] 余兰兰，关晓燕，王宝辉 . 含醚键的四元共聚物防垢剂的制备及性能 [J]. 化工进展，2012，31（8）：1843–1846.

[64] 余兰兰，郭磊，李妍 . 共聚物硅垢防垢剂的合成及性能研究 [J]. 化学反应工程与工艺，2015，31（5）：436–442，448.

[65] 余兰兰，郭磊，郑凯 . 超声波对硅垢离子的影响及防垢性能 [J]. 化学反应工程与工艺，2016，32（4）：366–372.

[66] 余兰兰，郭磊，郑凯 . 硅垢防垢剂 ITSA 合成及性能研究 [J]. 化工科技，2014，22（6）：35–40.

[67] 余兰兰，吉文博，王宝辉 . 防垢剂 EAS 的合成及其性能研究 [J]. 化工科技，2012，20（2）：33–37.

[68] 余兰兰，吉文博，王宝辉 . 防垢剂 PASP 的合成及其性能评价 [J]. 化工机械，2012，39（3）：291–294.

[69] 余兰兰，宋健，郑凯 . 热洗法处理含油污泥工艺研究 [J]. 化工科技，2014，22（1）：29–33.

[70] 余兰兰，宋健，郑凯 . 有机阳离子絮凝剂的制备及用于含油污泥脱油效果研究 [J]. 化工进展，2014，33（5）：1285–1289，1305.

[71] 余兰兰，孙旭蕊，王宝辉 . 超声波对成垢离子的影响及防垢效果分析 [J]. 化工自动化及仪表，2012，39（12）：1599–1602，1636.

[72] 余兰兰，郑凯，李妍 . 硅垢防垢剂 ACAA 的制备及性能研究 [J]. 油田化学，2017，34（4）：694–698.

[73] 岳福山 . 油田基础化学 [M]. 北京：石油工业出版社，1992.

[74] 张邦华，朱常英，郭天瑛 . 近代高分子科学 [M]. 北京：化学工业出版社，2006.

[75] 张超，孙丽娜 . 污泥处理处置现状及资源化发展前景 [J]. 黑龙江农业科学，2018（9）：158–161.

[76] 张德润，张旭 . 固井液设计及应用 下 [M]. 北京：石油工业出版社，2000.

[77] 张光华 . 表面活性剂在造纸中的应用技术 [M]. 北京：中国轻工业出版社，2001.

[78] 张绍东 . 孤岛油田聚合物驱油技术应用实践 [M]. 北京：中国石化出版社，2005.

[79] 张祎徽 . 废弃钻井液无害化处理技术研究 [D]. 青岛：中国石油大学（华东），2007.
[80] 张玉平 . 油田基础化学 [M]. 天津：天津大学出版社，2009.
[81] 赵福麟 . 油田化学 [M]. 2 版 . 东营：中国石油大学出版社，2010.
[82] 赵国玺，等 . 表面活性剂作用原理 [M]. 北京：中国轻工业出版社，2003.
[83] 赵振河 . 高分子化学和物理 [M]. 北京：中国纺织出版社，2003.
[84] 郑晓宇，吴肇亮 . 油田化学品 [M]. 北京：化学工业出版社，2001.
[85] 衷平海 . 表面活性剂原理与应用配方 [M]. 南昌：江西科学技术出版社，2005.
[86] 朱汉青 . 稠油污水软化系统废水深度处理技术研究 [D]. 青岛：中国石油大学（华东），2018.